Fortschritte

in der

englischen und schottischen

Landwirthschaft.

Von

Dr. Eduard Hartstein,

Director u. Professor an der Königl. höheren landwirthschaftlichen Lehranstalt zu Poppelsdorf.

Dritte Abtheilung.

Bonn,

bei Adolph Marcus.

1860.

Die Anwendung

der

Dampfkraft

in der Landwirthschaft.

Von

Dr. Eduard Hartstein,

Director u. Professor an der Königl. höheren landwirthschaftlichen Lehranstalt zu Poppelsdorf.

Bonn,

bei Adolph Marcus.

1860.

Vorwort.

Mit einer dringenden Bitte um Nachsicht wegen der Verzögerungen, welche die Herausgabe meines Berichtes über Fortschritte der großbritannischen Landwirthschaft erfahren hat, übergebe ich diese Schluß-Abtheilung meiner Schrift der Prüfung des deutschen Publikums. Verschiedene, zum Theil nicht unerhebliche Berufs-Geschäfte mögen mir bei denen zur Entschuldigung dienen, welchen ich in der litterarischen Thätigkeit nachlässig erscheinen möchte. Daß ich in diesem letzten Bändchen von meinem früher gefaßten Plane abweichend, nur die Anwendung der Dampfkraft in der Landwirthschaft behandle, dafür muß die erst in letzter Zeit so überaus gesteigerte Wichtigkeit des landwirthschaftlichen Dampf-Betriebes und das lebhafte Interesse des deutschen Landwirths an dieser Tagesfrage meine Rechtfertigung abgeben. Es schien mir wichtig, gerade zu einer Zeit, wo die Einführung der Dampfkraft auch in unsere Wirthschaften beinahe zur Nothwendigkeit wird, durchaus nur wohlgeprüfte Thatsachen mitzutheilen und daraus Schlußfolgerungen auf die vielfach verschiedenen Verhältnisse unseres Vaterlandes zu ziehen.

Indem ich hiermit den Bericht über meine Studien in Großbritannien zum Abschluß bringe, fühle ich mich gedrungen, wie beim Beginne desselben, dem Königlichen Ministerium, welches mir den ehrenvollen Auftrag zu diesen äußerst lehrreichen Reisen ertheilte, nochmals meinen Dank öffentlich zu bekunden. Eine andere Pflicht der Dankbarkeit mahnt mich, an dieser Stelle, wenn auch nicht mit Namen, der werthen Gönner und Freunde in England und Schottland, welche meinen Bemühungen an Ort und Stelle förderlich gewesen sind, und der nicht minder werthen Gönner und Freunde im Vaterlande zu gedenken, welche in Folge dieser meiner Arbeit mir ihr Vertrauen und ihre Zuneigung geschenkt haben. Vielleicht erlaube ich mir, bei einer späteren Gelegenheit mit einer besonderen Arbeit über die im Vorwort zur zweiten Abtheilnng erwähnten Fragen der englischen Viehzucht und der Betriebslehre vor sie zu treten.

Möge diese Abhandlung in welcher alle wichtigen Fragen des Dampf=Betriebes in der Landwirthschaft eingehend und auf Grund von Thatsachen besprochen werden, die nothwendig noch so sehr schwankenden Urtheile über diesen Gegenstand läutern und bestimmen helfen.

Poppelsdorf im Mai 1860.

Eduard Hartstein.

Inhalt.

Vergleichung der Maße, Gewichte und Münzen.

1 engl. Acre . .	=	1,584 Magdeb. Morgen*).
1 „ Fuß . .	=	11,653 Preuß. Zoll.
1 Imperial-Yard . .	=	2,913 „ Fuß.
1 „ Quarter .	=	5,288 „ Scheffel.
(8 Bushels).		
1 engl. Bushels . .	=	0,661 „ Scheffel.
(4 Pecks 8 Gallons).		
1 engl. Gallon . .	=	3,966 „ Quart.
(als Flüssigkeitsmaß).		
1 Pfund avoir du poids .	=	0,969 „ Pfund.
1 engl. Centner . .	=	108,56 „ Pfund.
(1 Hundredweight, 112 engl. Pfund).		
1 Pfund Sterling . .	=	circa 6 Thlr. 20 Sgr. preuß. Cour.
(20 Shillings).		
1 Shilling . . .	=	circa 10 Sgr. preuß. Cour.
(12 Pence).		
1 Penny . . .	=	circa 10 Pfennige.

*) In vorliegender Schrift ist gewöhnlich der Acre als 1½ Magdeb. Morgen und der Imperial-Yard als 3 preuß. Fuß angenommen.

Wie in allen gewerblichen Thätigkeiten, so giebt sich auch in der Landwithschaft ein unaufhaltsamer Fortschritt kund. Angeregt durch die großen Erfolge, welche die Industrie durch die Anwendung des Dampfes erfahren, vereinigten sich schon Ende der 20er Jahre britische Maschinenbauer und Landwirthe in rüstigem Zusammenwirken, um die Dampfkraft auch landwirthschaftlichen Zwecken dienstbar zu machen. Nur allmählig werden die sich darbietenden, mannigfachen Schwierigkeiten hinweggeräumt, wobei namentlich die den Schotten eigene Ausdauer sich aufs Glänzendste bewährt. Denn schon Anfang der 30er Jahre finden wir in einzelnen schottischen Wirthschaften Dampfmaschinen in Anwendung. Der Erfolg entspricht den Erwartungen vollkommen, und so gewinnt denn in kurzer Zeit die Dampfkraft auf den größeren Gütern Schottlands allgemeinere Verbreitung. Einige Jahre später geht man in England gleichfalls dazu über; von erheblicher Bedeutung ist die Dampfbenutzung in den dortigen Wirthschaften jedoch erst nach der Erfindung der Lokomobilen. Verschiedene Umstände, als Steigerung der Pachtpreise, Erhöhung des Arbeitslohns, theilweiser Arbeitermangel u. a. m. förderten die allgemeinere Verbreitung der Dampfmaschinen. Zu keiner Zeit wurden aber hierin so große Fortschritte gemacht, als nach der Aufhebung der Korngesetze, wodurch die Lage der Pächter, falls sie nicht mit äußerster Kraftanstrengung auf die Erlangung einer hohen Rente hinarbeiteten, gefährdet erschien. Es galt durch einen intensiven Wirthschaftsbetrieb, durch eine vermehrte Production wieder zu gewinnen, was durch die verminderten Preise verloren gegangen war.

Mit der vermehrten Anwendung der Dampfmaschinen hat die Vervollkommung ihrer Construction Schritt gehalten, und statt der früheren Einseitigkeit im Gebrauche, finden wir jetzt die mannigfaltigste Verwendung. Man beschränkt dieselbe nicht mehr auf den Betrieb der verschiedenen landwirthschaftlichen Maschinen, sondern strebt mit allem Eifer danach, den Dampf auch für die eigentliche Boden-Bearbeitung selbst nutzbar zu machen. Ist letztere Aufgabe auch noch nicht in genügender Weise gelöst, so darf, wie dies ein Blick auf die stufenweise Anwendung der Dampfkraft im Gebiete der Industrie lehrt, hieraus auf die Frage des endlichen Gelingens ein voreiliger Schluß noch nicht gezogen werden. Auch ohne für die Bodencultur verwandt zu sein, gilt die Dampfmaschine für die Mehrzahl der größeren Besitzungen Großbritanniens schon jetzt als ein wesentliches Betriebsmittel und sie verspricht in der Zukunft eine Hauptstütze für den Landwirth auf Hof und Feld zu werden.

Der Fortschritt des englischen Ackerbaues hat auch in unseren deutschen Wirthschaften Wiederhall gefunden, indem bei der gesteigerten Concurrenz ein intensiver Betrieb, und um seinetwillen die Einführung und Nutzbarmachung verschiedener Culturmethoden aus Großbritannien sich als nothwendig erwies. So ist im gegenwärtigen Augenblicke die Aufmerksamkeit des deutschen Landwirths auf die Einführung der Dampfmaschine gerichtet. An einzelnen Orten dampft bereits der Schornstein auf Höfen und in Feldern, und (so viel uns bekannt geworden ist) auch schon mit günstigem Erfolge. So mag es denn an der Zeit sein, die ganze Frage, nach Anleitung der britischen Erfahrungen, gründlich zu erforschen, und namentlich auf zwei Gesichtspunkte zu achten, unter denen unsere vaterländische Landwirthschaft weniger günstig gestellt erscheint als die jenseits des Kanals. Wir meinen vor Allem unser im Winter meist nur für wenige Arbeiten geeignetes Klima, und sodann die Arbeiter-Verhältnisse in einem größeren Theile Deutschlands, welche der Gutsherrschaft die Verpflichtung auferlegen, den Arbeiterfamilien gleichmäßig das Jahr hindurch Arbeit und Unterhalt zu verschaffen. Unsere Untersuchung wird daher mit äußerster Gewissenhaftigkeit anzustellen sein, damit wir einerseits an den Orten und unter den Verhältnissen, wo die Anwendung des Dampfes rathsam erscheint, auf baldmöglichste Einführung von Dampfmaschinen kräftig hinwirken, andererseits aber eine eindringliche Warnung denjenigen zurufen können, welche am unrechten Orte und ohne hinreichende Berechnung den Lockungen einer neuen Cultur-Methode sich blindlings hingeben möchten.

Die Dampfkraft in den Wirthschaften Großbritanniens.

Beschreibung einzelner Güter.

Aus der größeren Zahl der von mir besuchten Güter, auf welchen Dampfmaschinen in Betrieb gesetzt sind, wähle ich Wirthschaften von verschiedener Größe und Betriebseinrichtung. Der besseren Uebersicht wegen sollen die schottischen und englischen Güter getrennt besprochen werden.

a. Schottische Wirthschaften.

Bei der Prüfung der vorliegenden Frage sind für uns die Erfahrungen des schottischen Pächters ganz besonders werthvoll, da dessen durch und durch practischer Sinn, dessen ruhige und scharfe Berechnung bei allen landwirthschaftlichen Einrichtungen allbekannt sind. Vor der Schilderung einzelner Wirthschaften möge es daher gestattet sein, zunächst auf den Gesammt-Wirthschaftsbetrieb desjenigen Theiles Schottlands einen Blick zu werfen, in welchem jedes größere Gut von der Dampfmaschine vielfache Anwendung macht. Es ist dieses der unter dem Gesammtnamen der Lothians bekannte fruchtbare Landstrich. Wir wollen im Folgenden nur die wirthschaftlichen Verhältnisse des s. g. Ost-Lothian, welches die Grafschaft Haddington umfaßt, in kurzen Zügen schildern.

Haddigtonshire hat einen Flächeninhalt von c. 150,000 Acres, wovon nach den amtlichen Ermittlungen des Jahres 1853 *) in runder Summe 107,200 Acres in landwirthschaftlicher Benutzung sich befinden. Der Boden der Grafschaft ist vorwaltend Klaiboden, mehr oder weniger stark gebunden, jedoch von natürlicher Fruchtbarkeit, die den Haupt-Korndistricten Englands, als Lincolnshire, Norfolk und Suffolk mindestens gleich gestellt werden kann.

*) Siehe Journal of the royal agric. Society of England Vol. XIV. p. 323.

Auch hinsichtlich der klimatischen Verhältnisse gehören die Lothians zu den bestgelegenen Theilen Schottlands. Sowohl die Kälte des Winters wie die Hitze des Sommers wird durch die Seeluft gemäßigt. Im Ganzen ist das Klima feuchter als in England, namentlich gilt dies auch von der in der größten Ausdehnung vom Meere umspülten Grafschaft Haddington. Diese klimatischen Verhältnisse sind im Allgemeinen der Landwirthschaft günstig, besonders können die Ackerarbeiten bis spät in den Herbst fortgesetzt und zeitig im Frühjahre wieder begonnen werden.

Die Bevölkerung ist für den Betrieb der Landwirthschaft mit Ausnahme der Erntearbeiten ausreichend. Der Arbeiter-Mangel während der Erntezeit macht sich jedoch nicht sehr fühlbar, indem die nöthige Arbeitskraft auch jetzt noch aus dem Nord-Westen Irlands sowie aus den größeren Städten Schottlands für diese Zeit leicht beschafft werden kann. Der übliche Männer-Tagelohn beträgt 1½—2 *s.*, während für die wandernden Arbeiter in der Erntezeit außer freier Kost 1¼ *s.* pro Tag gezahlt wird.

Die Pachtungen werden durchgängig entweder auf 19 oder 21 Jahre abgeschlossen, auf deren lange Dauer der schottische Farmer einen hohen Werth legt. Die Pacht selbst wird theils in Getreide, theils in Geld entrichtet, jedoch gehört Ersteres jetzt schon zu den Ausnahmen. Je nach der Lage und Beschaffenheit der Farm ist die Höhe des Pachtschillings wechselnd. Die höchste Pacht beträgt 4 *l.* 4 *s.* per Acre, in der weit überwiegenden Zahl von Pachthöfen dagegen 3 *l.* und auf ungünstigem Boden 1½ *l.* In der ganzen Grafschaft kann durchschnittlich die per Acre zu zahlende Rente mindestens auf 2 *l.* 5 *s.* oder per Morgen auf 10 Thlr. angenommen werden.

Zur richtigen Beurtheilung dieser hohen Pachtrente muß auf den durch vortreffliche Communicationsmittel erleichterten Absatz aller landwirthschaftlichen Producte hingewiesen werden. Namentlich gilt dies von dem Eisenbahnnetz, welches alle größere Städte verbindet und bei den geringen Frachtsätzen alle, noch so entfernt gelegenen Hauptmarktorte dem landwirthschaftlichen Verkehre zugänglich macht. Der schottische Farmer achtet in der That den Schienenweg für den landwirthschaftlichen Fortschritt fast gleich hoch, wie die Drainirung oder irgend eine andere großartige

Bodenmelioration. Mit derselben Leichtigkeit benutzt er die Eisenbahn zum Verkehre aller landwirthschaftlichen Gegenstände, als Düngungs- und Futterstoffe, mageren wie fetten Viehs, Getreide u. s. w. und zwar nicht blos zu den Städten Edinburg und Glasgow, sondern selbst nach dem Weltmarkte Londons.

Der Wirthschaftsbetrieb des schottischen Farmers bildet ein wohl bemessenes, durch Regelmäßigkeit und Einfachheit ausgezeichnetes Ganze. Was die in jener Grafschaft üblichen Fruchtfolgen angeht, so sind dieselben hauptsächlich dreierlei Art:

Entweder das Vierfeldersystem

1) Hackfrucht, 2) Weizen theils Gerste, 3) Kleegras, 4) Hafer, theils Weizen;

oder das Fünffelder-System mit zwei Kleegras-Schlägen;

oder das Sechsfelder-System

1) Hackfrucht, 2) Weizen und Gerste, 3) Kleegras, 4) Hafer und Gerste, 5) Bohnen, Wicken und Kartoffeln und 6) Weizen.

Fleißige Bearbeitung, namentlich Tiefcultur des durch Drainirung trockengelegten Thonbodens, reiche Düngung, insbesondere eine verständige Benutzung der Hülfsdünger, sorgfältige Auswahl der für Boden und Klima passenden Cultur-Varietäten unserer Feldfrüchte u. a. m. ermöglichen sichere und reiche Erträge. Nach einer genauen statistischen Ermittelung vom Jahre 1853 wurden die Durchschnittserträge in der ganzen Grafschaft festgestellt:

Weizen	31	Bushels per Acre.
Gerste	44	" " "
Hafer	50	" " "
Bohnen	28	" " "
Kartoffeln	5¾	Tonnen à 20 Ctr.
Heu	3360	Pfd.

Die Stütze des einträglichen Ackerbaues bildet die umsichtig betriebene Viehhaltung. Nach einer amtlichen Aufnahme vom 20. Mai 1853 war der Viehstand der Grafschaft folgender:

	4450	Pferde
	9953	Stück Rindvieh
	66,576	" Schafe
und	5589	" Schweine.

Die Viehnutzung ist durchgängig auf die Mast gerichtet, und die Aufzucht von geringem Umfange. Die Mastung der Ochsen und Schafe selbst wird auf ausgedehnte Turnipsfütterung basirt. Was im Einzelnen die Haltung der verschiedenen Viehgattungen betrifft, so ist beim Rindviehstand das Milchvieh mit geringer Ausnahme auf die Wirthschaftsbedürfnisse beschränkt. Die im Spätsommer oder Herbst angekauften Ochsen werden nach mehrmonatlicher Mastung auf den Markt von Edinburg oder Glasgow und die besten Stücke nach London gebracht, wo sie stets gesicherten Absatz finden. Zum Belege für die große Ausdehnung der Viehmast sei nur erwähnt, daß die Stückzahl des jährlich in den Wintermonaten gemästeten Rindviehs zwischen 5—6000 schwankt, und daß während des Sommers mindestens 4000 Stück zur Mast gebracht werden. Verhältnißmäßig ebenso bedeutend ist die Schafmast, wozu hauptsächlich junges Vieh verwendet wird. Die während des Winters zur Mast gestellten Schafe können mindestens auf 30—35000 Stück geschätzt werden, und nicht minder beträchtlich ist die Zahl der in den Sommer- und Herbst-Monaten auf der Weide und den Turnipsfeldern gemästeten. Auch von den Mastschafen geht eine erhebliche Anzahl theils nach den Industrie- und den Bergbau-Districten Englands, theils nach London. Verhältnißmäßig gering ist die Schweinezucht. Nach jener amtlichen Aufnahme von 1853 betrug die Zahl der Schweine incl. der Ferkel im Ganzen 5580. Die Hälfte davon werden auf die Haushaltungen der ländlichen Arbeiterfamilien gerechnet werden können. Auf den größeren Gütern Haddingtonshire's wird eine ausgedehnte Schweinezucht nur ausnahmsweise betrieben und ebenso die Schweinemast nur als Nebensache betrachtet.

In Bezug auf das in der Grafschaft gehaltene Wirthschafts-Gespann, welches ausschließlich in Pferden besteht, ergiebt sich folgendes Verhältniß. Nach dem Obigen beträgt die Gesammtzahl der Pferde 4450, davon sind c. 40 Rennpferde, 30—40 edle Zuchtpferde und c. 1300 als Wagen-, Reit- und Zuchtpferde. Es verbleiben hiernach als Ackerpferde 3100 Stück oder c. 2 Pferde auf je 70 Acres Ackerland, was bei den dortigen Boden-Verhältnissen als eine durchaus mäßige Anspannung zu betrachten ist. In der Wirklichkeit wechselt die Größe der Bespannung auf den einzelnen Gütern je nach der Boden-Beschaffenheit und der Art des Wirthschaftsbetriebs von 50—100 Acres auf je 2 Pferde.

Auffallend ist der Unterschied hinsichtlich des Geräthe- und Maschinen-Inventars in englischen und schottischen Wirthschaften. Während die englischen Güter fast durchgängig ein sehr reiches, complicirtes Geräthe-Inventar besitzen, zeichnen sich die Werkzeuge und Maschinen der schottischen Pachthöfe durch Einfachheit der Construction und Billigkeit des Preises aus. Der schottische Pächter vermeidet es ängstlich, seinen Wirthschaftsbetrieb durch ein zu großes Geräthe-Kapital zu belasten. Auf die einzelnen dort üblichen Werkzeuge und Maschinen einzugehen, ist hier nicht der Ort. Nur der Dresch- und Dampfmaschinen sei hier Erwähnung gethan. Ueberall ist der Handdrusch des Getreides verdrängt, selbst die kleinste Farm besitzt einen eigenen Dreschapparat. Auffallend ist es dabei, daß sämmtliche Dreschmaschinen und ihre Triebwerke, selbst die in neuester Zeit errichteten, nicht transportabel, sondern an Ort und Stelle fest sind. Bei dem angebornen Sinn der Sparsamkeit des schottischen Pächters wird es uns auf den ersten Blick wundern, daß gerade in Schottland die Dampfmaschine zuerst Fuß gefaßt und von dort aus sich weiter verbreitet hat. Schon im Jahre 1853 war der Dampf als Triebkraft für Dresch- und andere landwirthschaftliche Arbeitsmaschinen so geschätzt, daß die in den Wirthschaften Haddingtonshire's aufgestellten Dampfmaschinen der Zahl nach den Triebwerken durch Pferde und Wasserkraft fast gleich standen, der wirklichen Pferdekraft nach aber sogar eine größere Triebkraft repräsentirten.

Nach der amtlichen Aufnahme vom 20. Mai 1853 betrug nämlich die Zahl:

1) der Dampfmaschinen	185	mit	1053	Pferdekraft,
2) der Wasserräder	81	„	436	„
und 3) der Roß- oder Göpelwerke	107	„	499	„
zusammen	373	mit	1988	Pferdekraft.

Seit jener Zeit hat die Benutzung der Dampfkraft für landwirthschaftliche Zwecke noch bedeutend zugenommen. Man kann die Zahl der bis jetzt in jenen Wirthschaften befindlichen Dampfmaschinen mindestens um ¼ höher annehmen, indem dieselben bei jeder neuen Verpachtung Eingang gefunden haben. Die Roßwerke sind schon jetzt nur auf den kleinsten Farms anzutreffen. Was die Benutzung der Dampfkraft betrifft, so wurde sie früher fast ausschließlich nur für den Getreide-Ausdrusch verwendet, während in neuerer Zeit ein vielseitiger Gebrauch, namentlich zum Betriebe der Häcksel- und Wurzelwerkschneid-Maschinen sowie zum Schroten und Mahlen des Korns immermehr um sich greift.

Es wurde oben erwähnt, daß selbst die kleinste Farm eine eigene Dreschmaschine besitzt, da ein Vermiethen von Dreschapparaten in jenem Districte nicht üblich ist. Die Angaben über die Zahl der Dreschmaschinen haben daher beim Mangel anderweitiger Daten auch insofern Interesse, als sie uns über die Zahl der Pachthöfe jener Grafschaft unterrichten. Im Jahre 1853 waren in Haddingtonshire 373 Dreschmaschinen von verschiedener Größe aufgestellt, zu einer gleichen Zahl können wir die Pachthöfe anschlagen. Vertheilt man die Gesammtfläche des Ackerlandes von 107,260 Acres auf diese Zahl, so berechnet sich die durchschnittliche Größe der Farms auf 287 Acres. In der Wirklichkeit wechselt aber die Ausdehnung der Güter von 100—600 Acres Als besonders günstig wird von dem schottischen Pächter ein Flächeninhalt der Farm von 300—400 Acres betrachtet. Größere Güter mit Vorwerken sind ihm höchst unbequem, indem derselbe die ganze bewirthschaftete Fläche stets unter eigenen Augen haben will.

Schließlich mögen hier noch vor der Beschreibung einzelner Güter einige Bemerkungen über die Anschaffungs- und Unterhaltungs-Kosten der Dampf- und Dreschmaschinen Platz finden. Der Ingenieur Bridges zu North-Berwick, welcher die meisten derartigen Einrichtungen in Ost-Lothian ausgeführt hat, macht darüber folgende Angaben. Die Anschaffungs- und Einrichtungskosten betragen:

Für eine stehende Dampfmaschine.		Für eine dazu gehörige Dreschmaschine.	Für die Errichtung des Maschinen- und Kessel-Hauses.
4 Pferdekraft.	90 *l.*	60 *l.*	76 *l.*
5 „	100 *l.*	65 *l.*	83 *l.*
6 „	110 *l.*	70 *l.*	90 *l.*

Nach Mr. Bridges Erfahrungen betragen bei guter Bedienung und Pflege für die ersten 19 Jahre die durchschnittlichen Unterhaltungs-Kosten einer Dampfmaschine von 6 Pferdekraft per Jahr 2 *l.* Zu derselben Höhe werden von ihm die jährlichen Kosten der Unterhaltung des Dreschapparats angegeben. In einzelnen Fällen geschieht die Errichtung der stehenden Dampf- und Dreschmaschine ausschließlich auf Kosten des Pächters, dem natürlich beim Wegzuge vom Hofe der Abbruch der Maschinen zusteht. In neuerer Zeit findet jedoch mit wenigen Ausnahmen hinsichtlich der Dampfmaschine zwischen Gutsherrn und Pächter ein bestimmtes, wenn auch in einzelnen Punkten abweichendes Uebereinkommen statt. Gewöhnlich trägt der Gutsherr die Kosten des Maschinen- und des Kesselhauses, während der Pächter die Dampf- und Dreschmaschine auf eigene Rechnung anschafft und diese beim Ablaufe der Pacht mitzunehmen sich vorbehält. Der Abbruch der feststehenden Maschinen geschieht jedoch selten, indem die Pachtherrschaft oder der aufziehende neue Pächter dieselben für einen durch Sachverständige festzustellenden Taxpreis übernehmen.

Wir wenden uns jetzt zu den einzelnen Wirthschaften, deren Beschreibung mit geringer Ausnahme auf die für den vorliegenden Zweck nothwendigsten Angaben beschränkt werden soll.

Mr. Georg Hope's Fenton-Barns in Haddingtonshire.

Fenton-Barns besteht aus einem Hauptgute und einem Vorwerke und umfaßt im Ganzen 670 Acres, vorwaltend Klaiboden mit undurchlassendem Untergrunde. Das Gut ist schon über 60 Jahre in den Händen derselben Pächterfamilie. Die Pacht läuft auf 21 Jahre zu einer Rente von 3½ *l.* per Acre. Vergleicht man hiermit die Pachtsummen in früherer Zeit, so betrug dieselbe im Jahre 1793 810 *l.*, stieg 1814 schon auf 1710 *l.* und erreichte bei der zu Anfang der 50er Jahre erfolgten neuen Verpachtung die Höhe von 2343 *l.*

Bei der undurchlassenden Beschaffenheit des Bodens entschloß sich Mr. Hope das ganze Areal auf eigene Kosten zu drainiren. Die dafür aufgewandte Summe beträgt 2500 *l.*, wobei ihm von

Seiten der Pachtherrschaft nur ein Zuschuß von 300 *l.* gewährt wurde.

Zwei Drittel des Ackerlandes wird nach dem Fünffeldersystem und der Rest in 6 Feldern bewirthschaftet. Die Fruchtfolgen sind: 1) Turnips, 2) Kartoffeln, 3) Weizen, 4) Kleegras, 5) Hafer; und 1) Turnips, 2) Weizen, 3) Kleegras, 4) Hafer, 5) Bohnen und 6) Weizen. Die Aecker sind allmählig durch eine sorgfältige Bearbeitung und reiche Düngung in einen hohen Culturzustand gebracht. Neben einer sehr starken Stallmistdüngung benutzt Mr. Hope regelmäßig große Mengen von Hülfsdünger. Es kommen in der letzteren Zeit jährlich im Durchschnitte 800—1200 Centner Guano, 100 Quarters Knochenmehl und 20 Centner Salpeter mit einem Gesammt-Kostenbetrage von 800 *l.* zur Verwendung. Mr. Hope sprach bei meinem Besuche der Farm seine auf Erfahrung gestützte Ueberzeugung dahin aus, daß er bei der jetzigen Pacht den Wirthschaftsbetrieb nicht mit Vortheil durchführen könnte, wenn er nicht den Hülfsdünger im Verhältnisse von 1 *l.* per Acre für die ganze Fläche berechnet, verwendete. So betrug noch bis 1836 die jährlich für Kunstdünger aufgewandte Summe höchstens 150 *l.* und erst in den letzten 10 Jahren sah sich Mr. Hope zu diesen vermehrten Ausgaben genöthigt. Die oben angeführten großen Mengen Hülfsdüngers werden hauptsächlich für die Wurzelfrüchte und zur Kopfdüngung des Weizens und der Gerste benutzt.

Die Erträge aller Gewächse sind bei einer bewundrungswürdigen Sorgfalt der Cultur sicher und reich. So ergaben die Turnips durchschnitlich 23 Tonnen à 20 Ctr. per Acre. Die auf verhältnißmäßig großen Flächen angebauten Kartoffeln werden in den verschiedenen Städten, als Glasgow, Manchester, Birmingham und selbst London zu hohen Preisen verkauft, wohin sie mit der Eisenbahn geführt werden. Ganz besondere Berühmtheit hat der Weizenbau auf Fenton-Barns erlangt. Der sog. Fenton-Weizen, ein Weißweizen mit starkem Stroh, findet als Saatgut in allen Theilen Großbritanniens den vortheilhaftesten Absatz. Der durchschnittliche Ertrag stellt sich auf 40 Bushels per Acre. Das auf den Weizen folgende Kleegras besteht aus einem Samengemenge von 9 Pfd. rothen Klee, 6 Pfd. weißen Klee, 1½ Pfd. Hopfenklee und 4 Pfd. Raigras. Die Einsaat geschieht im Frühjahre nach der Kopfdüngung des Weizens, worauf die Zwischenbearbeitung der Saatreihen folgt. Das Kleegras selbst erhält im Nutzungsjahre eine Ueberdüngung mit Salpeter oder mit einem Gemenge von Salpeter und Guano. Der Heuertrag ist auf 40—50 Ctr. per Acre anzunehmen. Nicht minder günstig stellen sich die Durchschnittserträgnisse der andern Früchte, nämlich 66 Bushels Hafer, 52 Bushels Gerste und 38 Bushels Bohnen per Acre;

Der Viehstand besteht in:

23 Pferden, wovon 3 als Reit- und Wagenpferde für den Pächter und Verwalter, und die übrigen für die Ackerarbeiten dienen, also 2 Pferde für je 67 Acres;

17 Kühen, davon gehören 13 Stück den Arbeiterfamilien und nur 4 für den Wirthschafts-Haushalt. Die ersteren erhalten im Sommer freie Weide und im Winter außer dem Stroh per Haupt 2 Fuhren Turnips;

75—100 Mastochsen, die Mastdauer ist $4^1/_2$—5 Monate und das Mastfutter besteht in Turnips, Oelkuchen und Bohnenmehl;

1000—1200 Zucht- und Mastschafen incl. Lämmer;

80—100 Schweinen, darunter 7 bis 8 Zuchtsäue. Die Einnahme aus dem Schweine-Verkauf betrug in den letzten Jahren durchschnittlich 160 *l.*

Was das Arbeiterpersonal betrifft, so werden auf beiden Höfen 14 stehende Arbeitsfamilien gehalten. Dieselben sind auf Deputat gestellt und ist die jährliche Ausgabe für Unterhaltung und Lohn einer Familie auf 30 *l.* anzuschlagen. Außerdem werden an laufenden Tagelöhnen 400 *l.* und noch außerordentlich an Ernte-Kosten 200 *l.* jährlich ausgegeben. Die letztere Ausgabe ist in den beiden letzten Jahren durch die Einführung von Bells Erntemaschine nicht unbedeutend vermindert worden. Neben einem einfachen, aber ausreichenden Geräthe-Inventar finden wir in Fenton-Barns die Dampfkraft zum Ausdrusch des Getreides und zum Schroten und Mahlen des Korns in Betrieb. M. Hope errichtete schon im Jahre 1836 auf dem Hauptgute eine stehende Dampfmaschine von 6 Pferdekraft und führte später eine solche von gleicher Kraft auf dem Vorwerke ein. Der Preis der Maschine incl. die Aufstellungs-Kosten ist 200 *l.* und stellen sich im längeren Durchschnitte die jährlichen Unterhaltungskosten für die

Dampf- und Dreschmaschine auf 5 *l.* Bei der älteren Construction ist der Kohlenbedarf verhältnißmäßig hoch, indem die Maschine bei 10stündiger Arbeit 10 Ctr. verbraucht. Die Drusch- und Reinigungs-Kosten des Getreides bei Anwendung der Dampfkraft betragen:

beim Weizen	per Quarter	1 *s.*	4 *d.*
bei der Gerste	„ „	1 „	— „
beim Hafer	„ „	— „	9 „

Diese Kosten stellen sich erheblich niedriger als beim Gebrauch des Pferdegöpels, gegen dessen Anwendung Mr. Hope überhaupt sich aufs Entschiedenste erklärte. Nach seiner Erfahrung wäre die Einführung der Dampfmaschinen auf seinen Höfen selbst dann lohnend, wenn er dieselben ausschließlich zum Getreide-Ausdrusch benutzte. Denn einmal werde dadurch die Möglichkeit des Ausdrusches zu jeder Zeit, namentlich auch während der Ackerbestellung geboten, sodann sei der Gang der Dampfmaschine beim Betriebe durch Dampf viel gleichmäßiger und deshalb der Ausdrusch selbst viel vollkommener; ferner sei die Arbeit am Göpel für die Pferde sehr anstrengend; endlich aber habe ein tüchtiger Landwirth zu jeder Zeit des Jahres *) entsprechende Arbeiten für sein Gespann, namentlich Tiefcultur, Wegeverbesserung, Kohlenfuhren, Marktfuhren u. s. w.

Mr. J. Finnie's Farm zu Swanston bei Edinburg.

Das Gut umfaßt c. 1500 Acres, wovon eine erhebliche Fläche ungefähr 900 Acres nur zur Weide geeignetes, gebirgiges Terrein ist und der Rest von 600 Acres sich unter dem Pfluge befindet. Der Boden des Ackerlandes wechselt vom sandigen Lehm bis Klaiboden, und ist theilweise drainirt. Die Felder werden in fünf Schlägen bewirthschaftet: 1. Hackfrucht, 2. Weizen, theils Gerste, 3. Kleegras, 4. desgleichen, 5. Hafer, zum Theil Weizen. Bei gleichzeitiger Verwendung starker Mengen Hülfsdünger sind die Aecker in einen vortrefflichen Culturzustand gesetzt worden.

Der zu Swanston gehaltene Viehstand besteht aus:

18 Ackerpferden,

4—5 Milchkühen für die Haushaltung,

*) der milde Winter Schottlands ist hierbei in Betracht zu ziehen.

100—120 Mastochsen,
1000—1200 Schafen, theilweise zur Mast,
und 40 Schweinen verschiedenen Alters.

An Handarbeits-Kraft mangelt es in der dortigen Gegend nicht, dagegen sind die Löhne wegen der Nähe Edinburgs hoch. Der durchschnittliche Tagelohn für den Mann beträgt $1\frac{1}{2}$—2 *s.*, für die Frau 9 *d.*—1 *s.*, in der Ernte tritt noch eine Steigerung ein. Die Kosten der Löhnung und Unterhaltung einer Arbeiterfamilie, welcher Deputat verabreicht wird, sind mindestens auf 30 *l.* per Jahr anzuschlagen.

Die auf dem Gute befindliche, stehende Dampfmaschine älterer Construction von 7 Pferdekraft, wird für die verschiedensten Arbeiten benutzt, nämlich für das Dreschen, Häcksel-Heu- und Wurzelwerkschneiden, Schroten und Mahlen des Getreides, Dämpfen des Futters und zur Heizung eines sehr zweckmäßig eingerichteten Trocknungs-Apparates. Durch diese vielseitige Benutzung ist es möglich, die Dampfmaschine den größten Theil des Jahres regelmäßig in Betrieb zu setzen. Hinsichtlich der Leistung beim Ausdrusch des Getreides giebt Mc. Finnie 360 Bushels im Durchschnitte aller Getreidefrüchte per Tag an, wobei außer dem Maschinisten 10 Arbeiter zur Bedienung der Dreschmaschine erforderlich sind. Der Kohlenbedarf stellt sich bei vollem 10stündigen Betriebe auf das Quantum von 14 Ctr., was im Vergleiche zu den neueren verbesserten Constructionen sehr hoch ist. Als Kosten der Errichtung einer Dampfmaschine berechnet Mr. Finnie für jede Pferdekraft 20—25 *l.*

Mr. Wetshellin's Phantasie-Farm in Berwickshire.

Der Flächen-Inhalt der Farm beträgt 700 Acres, theils lehmiger Sand, theils Klaiboden. Auf den leichteren Aeckern findet ein fünffeldriger Fruchtwechsel statt: 1. Hackfrucht, 2. Gerste, 3. Kleegras, 4. dito, 5. Hafer. Der Wintergetreidebau im 2. und 5. Schlage ist auf eine sehr geringe Fläche beschränkt. Der schwere Boden dagegen wird in 7 Feldern bewirthschaftet: 1. Hackfrucht, 2. Weizen, 3. Kleegras, 4. desgleichen, 5. Hafer, 6. Bohnen und 7. Weizen. Die Drainirung ist auf dem Klaiboden seit längerer Zeit gleichmäßig ausgeführt worden.

Zum Betriebe der Wirthschaft werden 19 Ackerpferde gebraucht also ungefähr 2 Pferde für 73 Acres.

Die Nutzviehhaltung ist auf die Mast berechnet. Es werden gehalten: 6 Milchkühe für den Haushalt, 15—20 Schweine und 400 Mutterschafe und außerdem kommen alljährlich 120 Ochsen und 500 Schafe zur Mast, welche einen sehr vortheilhaften Absatz in Edinburg und andern großen Städten Schottlands finden. Die Arbeiter-Verhältnisse sind mit den früher geschilderten übereinstimmend, die Zahl der stehenden Arbeiterfamilien auf dem Gute beträgt 12.

Schon seit längerer Zeit ist in der Wirthschaft eine stehende Dampfmaschine von 8 Pferdekraft in Betrieb, welche für das Schroten und Mahlen des Getreides, Häckselschneiden, hauptsächlich aber für das Dreschen benutzt wird. Die Einrichtungs-Kosten der Dampfmaschine betragen 330 *l.*, die der Dreschmaschine 130 *l.*

Bei zehnstündiger Arbeit stellt sich die Leistung auf 380 Bushels Weizen und 400—450 Bushels Hafer. Die Dreschmaschine hat einen ganz vorzüglichen Reinigungs-Apparat, so daß das Korn entsprechend gesondert, vollkommen rein für den Verkauf gewonnen wird. Auch bei dieser älteren Dampfmaschine ist der Kohlenverbrauch verhältnißmäßig groß, derselbe stellt sich bei vollem Betriebe auf 15 Ctr. per Tag.

Mr. John Wilson's Farm zu Edington-Mains und Edington Hall bei Berwick.

Die von Mr. Wilson gepachteten, unmittelbar aneinander grenzenden zwei Farms enthalten im Ganzen 1200 Acres, wovon auf jede 600 Acres kommen. Edington Mains hat vorwaltend Klaiboden mit eisenschüssigem Untergrunde, Edington Hall dagegen besitzt auf den höher gelegenen Theilen einen sandigen und an den tieferen Stellen torfigen Boden. Der größte Theil des Thonbodens ist auf Kosten des Pächters drainirt worden. Für beide Höfe ist der Pachtvertrag auf 19 Jahre zu einer durchschnittlichen Rente von 1½ *l.* per Acre abgeschlossen. Die Bewirthschaftung des Ackers geschieht theils in vier Feldern, theils nach dem Fünffelder-System, im letzteren Falle mit 2 Kleegrasschlägen. Neben einer reichlichen Stallmistdüngung werden bedeutende Mengen Hülfsdünger verwendet; und zwar Knochenmehl im Gemenge mit Guano für die Wurzelfrüchte, Guano allein für Weizen und Gerste, und Salpeter für Gras.

Der Viehstand auf beiden Farms besteht in:

24 Arbeitspferden,
6 Kühen für die Haushaltung,
80 Mastochsen,
25—30 Stück Jungvieh,
600 Schafen und einer geringen Zahl von Schweinen.

Die Viehmast ist auf die Turnips-Fütterung basirt. Der größere Theil der Ochsen wird im Herbst mager angekauft und nach 3 bis 4 monatlicher Aufstellung zu guten Preisen verwerthet.

An stehenden Arbeitern werden für beide Güter im Ganzen nur 12 Familien gehalten, welche außer freier Wohnung Garten, und Deputatgetreide, einen geringen baaren Geldlohn (4 *l.* jährlich die Familie) empfangen. Unter Anrechnung der Emolumente stellen sich die gesammten Unterhaltungs-Kosten einer Familie auf 30 *l.* per Jahr. Der durchschnittliche Tagelohnsatz mit Ausnahme der Ernte beträgt für den Mann 2 *s.* für die Frau 10 *d.*—1 *s.* Die Löhne in der Erntezeit dagegen sind in den letzten Jahren so gestiegen, daß der Wochenlohn für den Mann 1 *l.* und für die Frau 18 *s.* neben theilweiser Beköstigung beträgt.

Auf einem jedem Hofe ist eine stehende Dampfmaschine von 8 Pferdekraft errichtet. Die in Edington Hall wird fast ausschließlich für das Dreschen, die in Edington Mains dagegen auch für das Schroten und Mahlen des Getreides, Häcksel-Heu- und Wurzelwerkschneiden und für das Dämpfen des Futters benutzt. Lange Zeit hindurch wurde von Mr. Wilson auf dem letzteren Gute die dort zur Verfügung stehende Wasserkraft zum Betriebe der verschiedenen Maschinen verwendet; bei dem zeitweise eintretenden Wassermangel entschloß sich derselbe, zur Sicherung eines gleichmäßigen, geregelten Wirthschaftsbetriebes, endlich auch in dieser Farm eine achtpferdige Dampfmaschine für eigene Rechnung aufzustellen. Die Verwendung der Pferde am Göpelwerk verwirft Wilson aus gleichen Gründen wie Mr. Hope zu Fenton-Barns. Die tägliche Leistung beim Weizen-Ausdrusch kann im Durchschnitte auf 380

Bushels angenommen werden. Der Kohlenbedarf stellt sich bei 10stündigem Betriebe auf 10 Ctr.

Mr. James Russel's Farm zu Coalston-Mains in Haddingtonshire.

Das Areal von Coalston-Mains beträgt 560 Acres eines strengen Klaibodens, der durch Drainirung sehr verbessert worden ist. Für diese Melioration wurden von der Pachtherrschaft im Ganzen 2500 *l.* verwendet, wobei der Pächter die Verpflichtung der Zinszahlung des Kapitals und zwar für 2000 *l.* 5% und für 500 *l.* 7% übernommen hat. Die Pachtdauer ist 19 Jahre und die Pachtrente $2\frac{1}{2}$ *l.* per Acre. Mit Ausnahme von 30 Acres ständiger Weide, befindet sich die ganze Fläche unter dem Pfluge und wird nach folgender Rotation bewirthschaftet: 1. Hackfrucht, 2. Gerste und Sommerweizen, 3. Kleegras, 4. Hafer, 5. Bohnen und 6. Weizen. Mr. Russel verwendet neben dem Stallmist alljährlich im Durchschnitt für 1000 *l.* Hülfsdünger, namentlich Guano, Knochenmehl und Salpeter. An Vieh werden gehalten:

19—20 Pferde,
3 Kühe für das Wirthschaftsbedürfniß,
80—100 Mastochsen,
280 Schafe, theilweise zur Mast,
50—60 Schweine darunter 5—6 Zuchtsäue.

Auch in dieser Wirthschaft wird der größte Theil der zur Mast bestimmten Ochsen (60—80) im September und October aufgestellt und mit Ausgang des Winters bis Ende Mai fett verkauft. Ungefähr 20 Stück kommen im Sommer zur Mastung. Die Schweine werden in einem Alter von 6 Wochen bis 2 Monaten veräußert.

Die Lohn-Verhältnisse der Arbeiter sind dieselben, wie zu Edington-Mains, durchschnittlich 2 *s.* für den Mann und 10 *d.*— 1 *s.* für die Frau per Tag.

Die stehende Dampfmaschine von 6 Pferdekraft sowie die ebenfalls feste Dreschmaschine sind von der Pachtherrschaft als eisernes Inventar gegen einen von zwei Sachverständigen ermittelten Taxwerth übergeben worden, und ist der Pächter verpflichtet, beim Ablauf der Pachtung den Minderwerth der Maschinen nach dem Ergebniß einer wiederholten Abschätzung zu ersetzen.

Bei der älteren Construction der Maschinen ist der Bedarf an Brennmaterial im Vergleich zu den neueren Maschinen verhältnißmäßig hoch. Bei vollem Betriebe werden für 3 Tage 2 Tonnen Kohlen gebraucht, es ist jedoch hierbei zu bemerken daß die Qualität der dort verwendeten Kohlen gering ist. Die Tonne à 20 Ctr. kostet nur 3 *s.* Die Dampfkraft findet ihre hauptsächliche Verwendung zum Ausdrusch des Getreides, wobei die tägliche Leistung sich im Durchschnitt auf 240—280 Bushels Weizen und 320—400 Bushels Hafer stellt.

Mr. Quentine Bone's Farm zu Greenan bei Ayr.

Greenan hat eine Ausdehnung von 400 Acres sehr wechselnder Bodenbeschaffenheit. Der Pachtvertrag geht auf 19 Jahre, wobei der Pachtschilling 3 *l.* per Acre beträgt. Auf dem größeren Theile des Areals hat Mr. Bone folgenden Turnus eingeführt: 1. Hackfrucht, 2. Weizen, 3. Hackfrucht, 4. Weizen, 5. Kleegras, 6. Sommergetreide, meist Hafer, wenig Gerste. Der auf dem Gute gehaltene Viehstand besteht in 12 Arbeitspferden, 36 Kühen und 90 Ochsen, welche letztere Anfang October zur Mast aufgestellt und nach und nach im April und Mai verkauft werden, worauf während des Sommers nur wenige Stücke zur Mast kommen. Außerdem werden für das Bedürfniß der Haushaltung einige Schweine gemästet, wogegen die Schafhaltung ganz fehlt. Zur Erzielung sicherer und reicher Futtererträge hat Mr. Bone auf einer Fläche von 50 Acres die flüssige Düngung eingeführt, deren Einrichtungen ich an einem anderen Orte ausführlich beschrieben habe*).

Die Beschaffung der nöthigen Arbeitskraft für den Wirthschaftsbetrieb, namentlich zur Zeit der Ernte hat in den letzten Jahren manche Schwierigkeiten und Opfer erfordert.

Die zu Greenan befindliche stehende Dampfmaschine von 10 Pferdekraft ist von Mr. Bone nach dem Antritt des Guts aus eigenen Mitteln angeschafft worden. Dieselbe ist aus der Fabrik von Young zu Ayr, und kostet ausschließlich der Gebäude-Einrichtungen 150 *l.* Der tägliche Kohlenbedarf beträgt je nach der Beschaffenheit der Kohlen 10—12 Ctr. Die Dampfmaschine wird

*) Siehe meine Schrift über flüssige Düngung Seite 19.

für das Dreschen, Schroten und Mahlen des Korns, Heu-, Häcksel- und Wurzelwerkschneiden und für das Dämpfen des Futters regelmäßig benutzt.

Mr. James Melvin's Farm zu Bonnington bei Rath.

Das Gut umfaßt 367 Acres, vorwaltend Ackerland. Die Wirthschafts-Einrichtungen sowohl hinsichtlich der Fruchtfolge, wie der Art und Größe des Viehstandes u. s. w. sind von den landesüblichen nicht abweichend und bieten überhaupt nichts Bemerkenswerthes dar.

Mr. Melvin führte schon im Jahre 1832 also vor 28 Jahren eine stehende Dampfmaschine von 6 Pferdekraft auf seinem Gute ein. Der Preis betrug 105 *l.*, bei ihrer mangelhaften Construction war namentlich der Kohlenbedarf sehr bedeutend, welcher 16 Ctr. per Tag betrug. Ebenso ungünstig im Vergleich zu den neuern Maschinen waren die Leistungen, indem beim Ausdrusch des Getreides mit einer Bedienung der Dreschmaschine von 1 Mann und 6 Frauen täglich höchstens 120 Bushels Weizen 160 Bushels Gerste und 200 Bushels Hafer gewonnen wurden. Im Winter 1854/55 war sogar das Ausdruschquantum nur 120 Bushels Hafer und 100 Bushels Gerste. Diese ungünstigen Resultate veranlaßten Mr. Melvin im Jahre 1855 zur Anschaffung einer neuen Dampfmaschine von 8 Pferdekraft, welche bei wesentlich vermindertem Kohlen-Verbrauche hinsichtlich der Leistungen in den verschiedenen Arbeiten seinen Erwartungen vollständig entspricht. Die Maschine ist von Morton, Leith und Walk in Edinburg gefertigt und kostet 150 *l.*

Mr. Henderson's Farm zu Long-Niddry in Haddingtonshire.

Zu der Besitzung Long-Niddry gehören zwei Farms, jede mit einem Areal von 300 Acres. Der Acker hat einen tiefgründigen Lehm mit thonigem Untergrunde, und ist auf der ganzen Fläche drainirt. Die Pachtung erstreckt sich auf 21 Jahre zu einer Pachtrente von 4 *l.* 10 *s.* per Acre. Mr. Henderson hat auf beiden Höfen folgenden Turnus eingeführt: 1. Turnips, 2. Gerste, 3. Kleegras, 4. Hafer, 5. Bohnen und Kartoffeln und 6. eizen, wobei er unterstützt von der natürlichen Fruchtbarkeit des

Bodens und durch die reiche Verwendung von Hülfsdünger außerordentlich hohe Erträge erzielt. Es wurden im Durchschnitt der letzten Jahre 1000—1400 *l.* allein für Guano, Knochenmehl und Salpeter ausgegeben. Der auf beiden Farms gehaltene Viehstand besteht in: 20 Pferden, 3—4 Kühen und einigen Schweinen für die Haushaltung, 130 Ochsen und 600 Schafen zur Mast.

Hinsichtlich der Art der Mastung, Zeit der Aufstellung und des Verkaufs des Mastviehs finden wir auch hier das gewöhnliche, in den vorhergehenden Wirthschaften beschriebene Verfahren. Ebenso gilt für Long-Niddry in Betreff der Arbeiter-Verhältnisse das bereits über mehrere Wirthschaften Haddingtonshire's Gesagte.

Jeder dieser Höfe hat eine eigene feststehende Dampfmaschine von 6 Pferdekraft, welche hauptsächtlich für den Ausdrusch des Getreides und das Schroten des Korns benutzt wird. Die tägliche Leistung beim Getreide-Ausdrusch beträgt im Durchschnitt aller Fruchtarten 250—300 Bushels.

Mr. J. Walker's Farm zu Kilpunt bei Edinburg.

Kilpunt enthält 250 Acres Ackerland eines sandigen Thonbodens, wovon der größte Theil drainirt ist. Die Pacht ist auf eine Dauer von 21 Jahren zu einer Rente von 3 *l.* per Acre abgeschlossen. Die Felder werden in 6 Schlägen bewirthschaftet: 1. Hackfrucht, 2. Gerste, 3. Kleegras, 4. Hafer, 5. Bohnen und 6. Weizen. Außer dem nöthigen Spannvieh, einigen Milchkühen und Schweinen für die Bedürfnisse der Haushaltung wird auch in dieser Farm alljährlich im Herbst eine größere Zahl Rindvieh und Schafe zur Mast gekauft, den Winter über gehalten und im Frühjahre im fetten Zustande zum Verkauf gebracht.

Die jährlichen Kosten einer stehenden Arbeiterfamilie belaufen sich auf 30 *l.*, der gewöhnliche Lohn für den Mann beträgt im Sommer 10—12 *s.* im Winter 9 *s.*, für die Frau dagegen 4—5 *s.* wöchentlich. Zur Zeit der Ernte werden fremde Arbeiter, meist Irländer angenommen.

Auf dem Gute befindet sich eine stehende Dampfmaschine von 6 Pferdekraft aus der Maschinenfabrik von H. Morton, Leith und Walk in Edinburg. Der Preis derselben excl. der Aufstellungs-Kosten beträgt 115 *l.* und der dazu gehörigen Dreschmaschine 75 *l.*

Ueber die Leistungen der Dampfmaschine theilte mir Mr. Walker mit, daß beim Ausdrusch des Getreides mindestens in einer Stunde 28 Bushels Weizen gewonnen würden. Bei vollem Betriebe und entsprechender Ergiebigkeit des Weizenertrages stelle sich nach mehrjährigen Erfahrungen der tägliche Ausdrusch auf 360 Bushels, also erheblich höher. Der Bedarf an Kohlen berechnet sich per Stunde auf 1¼ Ctr. Die Handarbeitskosten zur Bedienung der Dreschmaschine betragen per Stunde 1 *s.* 3 *d.*

Mr. Walker gebraucht die Dampfmaschine während 7—8 Monaten 4—6 Stunden wöchentlich und in einem Monate nach der Ernte, zur Gewinnung des Saatkorns ꝛc. in der Woche 8—9 Stunden. Die ganze Betriebszeit während des Jahres beläuft sich hiernach auf 180—200 Stunden.

Die Einführung derselben hat die Reduction des Spannviehs um 2 Pferde zur Folge gehabt.

Mr. J. Douglas' Farm zu Athelstaneford bei Drem in Haddingtonshire.

Athelstaneford hat ein Areal von 240 Acres von fast durchgängig schwerem Boden, dessen Ertragsfähigkeit durch die Drainirung bedeutend gehoben ist. Bei einer Pachtdauer von 19 Jahren zahlt Mr. Douglas eine Rente von 3 *l.* 7 *s.* per Acre. Die Fruchtfolge ist: 1. Hackfrucht, 2. Gerste, 3. Bohnen, 4. Weizen, 5. Kleegras, 6. Hafer. Für Hülfsdünger, namentlich Guano werden alljährlich 500 *l.* verwendet. Das Spannvieh besteht in 9 starken Arbeitspferden, was unter Berücksichtigung der Bodenbeschaffenheit und der Fruchtfolge als eine geringe Anspannung zu betrachten ist. Was den Nutzviehstand betrifft, so besitzt Mr. Douglas eine der ausgezeichnetsten und berühmtesten Zuchten des Shorthorn-Viehs. Douglas errang in den letzten Jahren fast auf allen größeren Vieh-Ausstellungen die ersten Preise.

Neben dieser mit großer Sorgfalt und Umsicht betriebenen Rindviehzucht werden alljährlich c. 20 Ochsen im Herbst zur Mast aufgestellt. Die Schafhaltung ist verhältnißmäßig gering, dieselbe besteht durchschnittlich in 400 Stück, die gleichfalls im gemästeten Zustande ihre Verwerthung erhalten.

Das Wirthschaftspersonal zu Athelstaneford besteht in einem Aufseher, einem Schäfer, fünf Pflug- und drei Arbeits-Knechten.

Auch in dieser Wirthschaft stellen sich die durchschnittlichen Unterhaltungskosten einer Arbeiterfamilie auf 30 *l.* jährlich.

Bereits vor 20 Jahren errichtete Mr. Douglas auf eigene Rechnung eine stehende Dampfmaschine von 8 Pferdekraft, deren Kosten excl. der Gebäude-Einrichtungen 120 *l.* betrug. Die Dampfkraft wird ausschließlich zum Ausdrusch des Getreides wie zum Schroten und Quetschen des Korns benutzt und stellt sich die durchschnittliche tägliche Leistung beim Weizendreschen auf 250—300 Bushels. An Kohlen wurden per Tag 10 Ctr. verbraucht.

Mr. Alexander Smith's Farm zu High-Lethan bei Berwick.

Das Areal von High-Letan enthält 170 Acres durchgängig Thonboden, wofür per Acre 3 *l.* Pachtrente gezahlt wird. Die Pachtdauer ist ausnahmsweise nur 15 Jahre. Später benutzte Mr. Smith die sich ihm anderweitig darbietende Gelegenheit, einzelne Ländereien und zwar 20 Acres gleichfalls strengen Bodens und 100 Acres leichter, sandiger Beschaffenheit hinzuzupachten, so daß gegenwärtig das Pachtareal im Ganzen 290 Acres umfaßt. Sämmtliches Land befindet sich unter dem Pfluge und wird in 6 Feldern bewirthschaftet: 1. Hackfrucht, 2. Gerste, 3. Kleegras, 4. Hafer, 5. Kartoffeln und Bohnen und 6. Weizen. Der Viehstand besteht in 10 Pferden, 2 Kühen für den Haushalt, 2 Zuchtsäuen, 40 Mastochsen und 100 Schafen gleichfalls zur Mast bestimmt.

In Bezug auf die Löhnung des Arbeitspersonals gelten dieselben Verhältnisse wie bei den vorher beschriebenen Gütern der Grafschaft Haddington. Es sei nur bemerkt, daß auf dem Pachthofe blos 4 stehende Arbeiterfamilien gehalten werden. Mr. Smith betrieb nach dem Antritt der Pachtung 6 Jahre lang die Dreschmaschine durch einen Pferdegöpel, wobei ihm jedoch vielfache Störungen in der rechtzeitigen Ackerbestellung und sonstige Nachtheile erwuchsen. Zur Erzielung einer größeren Regelmäßigkeit des Wirthschaftsbetriebes entschloß sich Mr. Smith zur Einführung einer stehenden Dampfmaschine, obgleich ihm nur noch 9 Pachtjahre gesichert waren, und er eine Entschädigung für die zur Dampfmaschine nöthigen baulichen Einrichtungen nicht zu beanspruchen hatte. Nach einem Uebereinkommen ist die Pachtherrschaft nur verpflichtet, die Dampfmaschine beim Abzuge des Pächters zu einem durch Sachverständige festzustellenden Taxwerthe zu übernehmen. Für die neue Einrichtung hat Mr. Smith im Ganzen ausgegeben:

1.	für die Dampfmaschine von 4 Pferdekraft	90	*l.*
2.	„ den Dampfkessel	20	„
3.	„ das Maschinenhaus	50	„
4.	„ die Dreschmaschine nebst Reinigungsapparat	50	„
	Im Ganzen	210	*l.*

Von dieser Summe fallen dem Pächter die nicht unbedeutenden Zins = Abnutzungs = und Unterhaltungskosten der Dampf= und Dreschmaschine während der Pachtzeit zur Last; ebenso trägt er beim Abzuge vom Hofe den Verlust des auf den Bau des Maschinenhauses verwendeten Kapitals. Trotzdem versicherte mir Mr. Smith, daß diese Opfer in keinem Verhältniß zu den anderseits erlangten Vortheilen ständen. Durch die erlangte Möglichkeit einer richtigen Benutzung der Getreideconjuncturen wie überhaupt einer größeren Regelmäßigkeit des Wirthschaftsbetriebes fände er hierbei sehr gut seine Rechnung.

Castlehill bei Maybole, Home Farm des Marquis von Ailsa.

Eine kurze Beschreibung von Castlehill wurde in meiner Schrift „die flüssige Düngung“ Seite 9 gegeben. Ich will nur die für den vorliegenden Zweck wichtigsten Daten daraus hervorheben und einzelne Zusätze beifügen. Die Farm hat ein Areal von 209 Acres eines ziemlich tiefgründigen sandigen Lehmbodens. Hiervon sind 56 Acres für die flüssige Düngung eingerichtet, die in 4 Feldern: 1. italiänisches Raigras, 2. ditto, 3. Hackfrucht und 4. Weizen bewirthschaftet werden. Für das übrige Areal ist folgender Turnus: 1. Turnips, 2. Weizen, etwas Gerste, 3. Kleegras und 4. Hafer bestimmt. Der auf dem Gute gehaltene Viehstand besteht aus: 7 Ackerpferden, 20 Kühen, 1 Bullen, 30 Kälbern theils abgesetzt theils gekauft, 30 einjährigen und 44 zweijährigen Rindern, von welchen letzteren 14 Stück regelmäßig zur Mastung angekauft werden, und 25 Schweinen. Der Hauptzweck der Viehhaltung besteht in der Mast. Die Milch wird theils für die Kälber verwendet, theils zu Käse ver=

arbeitet. Den Hauptstützpunt der Viehmastung bildet auch in dieser Wirthschaft der ausgedehnte Turnipsbau.

An stehendem Arbeitspersonal werden gehalten: 3 Ackerknechte, 2 Viehwärter und 2 Arbeitsknechte, letztere namentlich zur Bedienung der Dampf-, Dresch- und anderer Arbeitsmaschinen. Die Unterhaltungskosten einer ständigen Arbeiterfamilie stimmen mit den früheren Angaben (30 *l.* per Jahr) überein. Die Zahl der sonstigen Arbeitsleute (Männer, Frauen und Jungen) ist in den einzelnen Wirthschaftsperioden sehr verschieden. Ein Mangel an Handarbeitskraft tritt jedoch nicht ein und sind die Löhne wie in den früher beschriebenen schottischen Wirthschaften.

Die Gebäude des neu aufgeführten Wirthschaftshofes zeichnen sich sowohl hinsichtlich der inneren Einrichtung wie der Einfachheit und Billigkeit der Bauart auf das Vortheilhafteste aus. Namentlich ist bei Anlage des Gehöftes auf die zweckmäßigste Stellung der feststehenden Dampfmaschine der Art Rücksicht genommen, daß dieselbe mit Leichtigkeit zum Betriebe der verschiedensten Apparate benutzt werden kann. Die Dampfmaschine von 8 Pferdekraft ist von Young in Ayr gefertigt und kostet 150 *l.* Bei zehnstündigem Betriebe stellt sich der Kohlenbedarf auf 8—10 Ctr. Die Benutzung der Dampfkraft ist möglichst vielseitig, sie dient zum Dreschen, Häcksel- und Wurzelwerkschneiden, Schroten und Mahlen des Korns, Holzsägen und Dämpfen des Futters.

Die durchschnittliche stündliche Leistung beim Getreide-Ausdrusch ist 48—64 Bushels Hafer und 40 Bushels Weizen, wobei 1 Mann für die Dampfmaschine und 6 Personen zur Bedienung der Dreschmaschine erforderlich sind.

Beim Schneiden des Strohs wird während 3 Stunden soviel Häcksel geschnitten, als auf eine Woche für den gesammten Rindviehstand (c. 50 Haupt Großvieh) nöthig ist. Die Häckselmaschine wird von 1 Mann und 1 Jungen bedient. Ebenso günstig stellen sich die Leistungen bei den anderen Arbeiten.

Mr. Wood's Farm zu Foulden bei Berwick.

Das Gut enthält 140 Acres eines wechselnden, zum Theil eisenschüssigen Bodens. Die Pachtung geht auf 19 Jahre zu einer Rente von 2½ *l.* per Acre. Mr. Wood verstand sich zu dieser unter Berücksichtigung der Bodenbeschaffenheit sehr hohen Pacht nur unter der Bedingung, daß eine stehende Dampfmaschine von 5 Pferdekraft von Seiten der Pachtherrschaft errichtet wurde, wogegen er sich verpflichtete, die Kosten einer sorgsamen Unterhaltung sowie 5% Zinsen des gesammten Anschaffungs- und Einrichtungs-Kapitals zu zahlen.

Mr. Telfer's Canning-Park-Farm bei Ayr.

Eine ausführliche Beschreibung dieser 50 Acres haltenden Farm findet sich gleichfalls in meiner Schrift über die flüssige Düngung Seite 30 u. flgd. Der ganze Wirthschaftsbetrieb ist auf eine ausgedehnte Milchviehhaltung gerichtet, deren Producte in der nahe gelegenen Stadt Ayr einen günstigen und gesicherten Absatz finden. Sowohl zum Betriebe der Pumpwerke für die flüssige Düngung wie zum Ausdrusch des Getreides, Schroten und Mahlen des Korns, Häckselschneiden und zum Dämpfen des Futters hat Mr. Telfer eine stehende Dampfmaschine von 3 Pferdekraft eingeführt. Bei der vielseitigen Verwendung ist selbst auf dieser kleinen Farm die Maschine fast regelmäßig beschäftigt. Eine Hauptrolle spielt dabei die Zubereitung des Futters für das Milchvieh. Die Verabreichung das größten Theiles der Futterstoffe im gedämpften Zustande findet Mr. Telfer so vortheilhaft, daß er den zur 3pferdigen Maschine gehörigen Dampfkessel auf 10 Pferdekraft einrichten ließ, um so, ohne den Betrieb der Dampfmaschine für die obgedachten Arbeiten zu stören, regelmäßig das Dämpfen des Futters ausführen zu können.

b. Englische Wirthschaften.

Mr. Lawrence's Farm zu Cirencester in Gloucestershire.

Die Farm umfaßt im Ganzen 300 Acres, wovon 200 Acres Ackerland, 60 Acres ständiges Grasland und 40 Acres Holzung sind. Der Boden ist vorwaltend strenger Lehm und befindet sich in guter Cultur. Die Bewirthschaftung des Ackers geschieht nach dem gewöhnlichen Vierfeldersystem. Auf dem Gute werden an Spannvieh 8 Pferde gehalten und nach der Ernte für die im Herbste regelmäßig auszuführende Tiefcultur 6 Ochsen angeschafft, die demnächst gemästet zum Verkauf kommen. Der übrige Viehstand besteht in 25 Ochsen zur Mast, 4—5 Milchkühen, 8—12 jungen Rindern und 150 Schafen. An Arbeitern fehlt es in der Gegend nicht und der Tagelohn beträgt für den Mann $1^2/_3$ *s.* und für die Frau 9 *d.* Die auf dem Gute errichtete stehende Dampfmaschine älterer Construction von 6 Pferdekraft, wird für die verschiedensten Arbeiten benutzt. Bei 10stündiger Arbeitszeit ist der Kohlenbedarf 700 Pfd. Mittelst Transmissionswelle und Riemscheiben können durch die Dampfkraft die Schrot- und Quetschmühle so wie die Dresch- und Häckselschneid-Maschine in Betrieb gesetzt werden. Das Schroten des Getreides und das Häckselschneiden kann zu gleicher Zeit geschehen, während der Betrieb der Dresch- und Getreide-Reinigungs-Maschine die ganze Dampfkraft erfordert. Zur Bedienung der Dreschmaschine sind 10—12 Personen, und zwar 6—8 Männer und 4 Frauen erforderlich, und werden dabei durchschnittlich per Tag 240 Bushels gut gereinigtes Getreide gewonnen. Beim Betriebe der Häckselmaschine sind 5 Personen nöthig, welche das Zutragen des Strohs und Heues, das Einlegen desselben sowie das Fortschaffen des Häcksels besorgen. Mr. Lawrence läßt für sämmtliches Vieh das Heu schneiden. Durch die Maschine wird in einem Tage so viel Heu- und Strohhäcksel geschnitten, als für den gesammten Viehstand in einer Woche nöthig ist. Die zu gleicher Zeit betriebene Quetschmühle für Leinsamen und Getreide liefert täglich 8—9 Quarters, zu deren Bedienung nur 1 Mann erfordert wird.

Mr. Richardson's Claremont-Farm bei Birkenhead.

Die Farm hat eine Ausdehnung von 200 Acres eines Bodens mittlerer Fruchtbarkeit. Hinsichtlich der Bewirthschaftung finden wir auch hier das Vierfeldersystem. Die Höhe des Pachtgeldes beträgt 2 *l.* per Acre. An Zugvieh werden 7 Pferde gehalten und das Rindvieh besteht in 33 Kühen, einer geringen Zahl Jungvieh und 30—50 Schweinen verschiedenen Alters.

Die Arbeitslöhne betragen per Tag für den Mann $1^2/_3$ *s.*, für die Frau 8 *d.* — 1 *s.* und für einen Jungen 6 *d.* Die Beschaffung der nöthigen Arbeitskraft hat keine Schwierigkeit. Die auf dem Gute befindliche 6pferdige stehende Dampfmaschine erfordert bei 10stündiger

Arbeit 700 Pfd. Kohlen und wird zum Betriebe der Schrot- und Mahlmühle, so wie der Dresch- und Häckselmaschine benutzt. Die tägliche Leistung beim Ausdrusche, wobei 4 Männer und 4 Frauen nöthig sind, beträgt 190 Bushels Weizen und 230 Bushels Hafer. Die Häckselmaschine und die Schrotmühle werden auch hier gleichzeitig betrieben. Bei einer Bedienung der Häckselmaschine mit 1 Mann und 2 Frauen wird in einem Tage das auf eine Woche für den Viehbestand nöthige Heu und Stroh geschnitten. Die tägliche Leistung beim Haferquetschen ist 26 Bushels und beim Mahlen 5 Bushels Weizen.

Mr. Grig's Farm zu Westoning bei Woburn in Bedfordshire.

Das Gut enthält im Ganzen 712 Acres, wovon 483 Acres Ackerland und 229 Acres ständige Weide sind. Die Wirthschafts-Verhältnisse der Farm bieten nichts besonders Bemerkenswerthes dar. Die stehende Dampfmaschine von 8 Pferdekraft aus der Fabrik von Mc. Cartny und Drummond kostet 160 *l.* Der Dampfkessel ist für den Betrieb einer 10pferdigen Maschine ausreichend. Bei 10stündiger Arbeit ist der Kohlenbedarf 6 Ctr. Die hauptsächliche Benutzung findet die Dampfmaschine zum Ausdrusche des Getreides; außerdem wird sie auch zum Betriebe der Schrotmühle und Häckselmaschine gebraucht. Beim vollen Gange wird die Dreschmaschine und die Schrotmühle zugleich in Betrieb gesetzt. Die tägliche Leistung beträgt beim Dreschen 440 Bushels Weizen und beim Quetschen 96 Bushels Gerste oder Hafer.

Mr. Wells Farm zu Booth-Ferry in Yorkshire.

Die Bewirthschaftung der 800 Acres großen Farm geschieht nach dem Sechsfeldersysteme (1. Hackfrucht, 2) Weizen, 3) Kleegras, 4) ditto, 5) Hackfrucht und 6) Weizen). Der Viehstand besteht außer dem nöthigen Ackergespann in 10 jungen Pferden, wovon jährlich 4 verkauft werden, in 50—60 Stück Ochsen zur Mast und in einer starken Schweinezucht. Bis zum Jahre 1850 wurde der Ausdrusch des Getreides mit einer durch ein Roßwerk betriebenen Dreschmaschine ausgeführt. Zu dieser Zeit schaffte Mr. Wells eine stehende Dampfmaschine von 7 Pferdekraft an, deren Gesammtkosten sich auf 300 *l.* belaufen. Die Maschine wird für das Dreschen, Häckſel- und Wurzelwerkſchneiden, Schroten und Mahlen des Getreides benutzt. Mr. Wells iſt mit den Reſultaten dieſer neuen Einrichtung durchaus zufrieden. Die Koſten des Ausdruſches und der Reinigung des Getreides ſtellen ſich bei Anwendung der Dampfmaſchine auf 7½ *d.* per Quarter, während dieſelben früher bei Benutzung des Pferdegöpels 1 *s.* 7½ *d.* per Quarter betrugen. Ebenſo günſtig ſtellt ſich die Koſtenerſparniß beim Betriebe der anderen Maſchinen durch Dampf. Abgeſehen von dem Vortheile, der aus dem ſchnelleren Getreide-Ausdruſche, ohne daß dabei irgendwie die Feldarbeiten aufgehalten werden, hervorgeht, giebt Mr. Wells nach mehrjährigen Erfahrungen den Gewinn der Einführung der Dampfmaſchinen dahin an, daß er 20% an den Koſten erſpare, welche früher das Dreſchen und die oben genannten anderen Arbeiten verurſachten.

Mr. Thomas Farm zu Lidlington bei Bedford.

Die Farm hat einen Flächeninhalt von 740 Acres wovon 500 Acres unter dem Pfluge und 240 Acres Grasland ſind. Das Ackerland, welches ungefähr zur Hälfte aus einem leichten ſandigen Boden, zur andern Hälfte aus einem ſtrengen Klaiboden beſteht, wird verſchieden bewirthſchaftet, das leichte Land nämlich nach dem gewöhnlichen Norfolker Vierfelderſyſteme, der Klaiboden dagegen in 6 Feldern: 1) Wickfutter, theils Bohnen, 2) Weizen, 3) Klee, 4) Hafer, 5) Bohnen und 6) Weizen. Sowohl hinſichtlich der Art und Ausdehuung des Arbeits- und Nutzviehſtandes wie der ſonſtigen Wirthsſchafts-Einrichtungen iſt nichts Beſonderes zu bemerken. Daſſelbe gilt von der Höhe der Löhne und Beſchaffung der nöthigen Handarbeitskraft. Zur Erlangung einer größeren Regelmäßigkeit des Betriebes, ſo wie zur Koſtenerſparniß entſchloß ſich Mr. Thomas vor 10 Jahren, als Pächter auf ſeine eigene Koſten eine ſtehende Dampfmaſchine von 6 Pferdekraft nebſt den dazu gehörigen Arbeits-Maſchinen als Schrot- und Quetſchmühle, Dreſch-, Häckſel- und Wurzelwerkſchneidemaſchine mit einer Geſammtauslage von 500 *l.* anzuſchaffen. Der tägliche Bedarf an Kohlen ſtellt ſich auf 6 Ctr., deren Preis in dortiger Gegend per Tonne à 20 Ctr. 15 *s.* beträgt. Der Kohlenverbrauch für den Ausdruſch der ganzen Getreide-Ernte im Jahre 1850 war 26 Tonnen. Die Einführung der Dampfmaschine hat den Erwartungen in jeder Beziehung entsprochen. Außer der dadurch erreichten Möglichkeit einer rechtzeitigen Ausführung einzelner Arbeiten, besteht der Hauptvortheil in der Ersparniß an Arbeitskosten selbst. Nach einer mehrjährigen Aufstellung haben sich die Ausgaben gegen früher um 200 *l.* per Jahr vermindert, was hauptsächlich durch den weit billigeren Ausdrusch des Getreides bedingt ist. Bei regelmäßigem Betriebe werden per Tag mindestens 200 Bushels Weizen gedroschen, deren Kosten incl. aller Ausgaben für Handarbeit sich per Quarter (8 Bushels) auf 8 *d.* stellen. Nach Mr. Thomas Berechnung würde bei Anwendung des Pferdegöpels der Ausdrusch per Quarter 2 *s.* 8 *d.* und beim Handdrusch 3 *s.* 4 *d.* bis 4 *s.* kosten.

Bei den nun folgenden englischen Wirthschaften mit stehenden Dampfmaschinen beschränke ich mich ausschließlich auf die Angabe der Größe der Güter und der Verwendungsart der Dampfkraft.

Mr. Case's Windy-Farm bei Birkinhea

mit 300 Acres. Die stehende Dampfmaschine hat 6 Pferdekraft und wird für das Dreschen, Häcksel- und Wurzelwerkschneiden, Schroten des Korns und Dämpfen des Futters benutzt.

Mr. John Beasely's Torplands-Farm bei Northampton

mit 200 Acres. Die 6pferdige stehende Dampfmaschine findet ihre Verwendung für das Dreschen, Schroten und Mahlen des Korns, Häcksel- und Wurzelwerkschneiden, Dämpfen des Futters und Holzsägen. Der Wirthschaftshof ist vor einigen Jahren zur Zeit der Aufstellung der Dampfmaschine ganz neu erbaut.

Die Home-Farm des Lord Essex zu Cassiobury bei Watford

mit 90 Acres Areal. Auch in dieser Wirthschaft wird die stehende Dampfmaschine mit 4 Pferdekraft für die verschiedenen Arbeiten: Dreschen, Schroten des Korns, Häcksel- und Wurzelwerkschneiden, Dämpfen des Futters und Pumpen des flüssigen Düngers benutzt.

Wir behandeln nunmehr einzelne Güter Englands mit transportablen Dampfmaschinen.

Far-Cotton-Farm des Mr. William Shaw bei Northampton.

Zur Besitzung gehören zwei unmittelbar aneinander grenzende Farms, wovon die eine 340 Acres die andere 360 Acres also zusammen 700 Acres enthalten. Das Areal hat einen ziemlich gleichmäßigen Boden von mittlerem Culturzustande. Auf beiden Gütern findet dieselbe Fruchtfolge in 6 Feldern statt: 1) Turnips, 2) Gerste, 3) Kleegras, 4) desgl., 5) Weizen und 6) Hafer. An Spannvieh werden für jede Farm 7 Pferde gehalten. Der Nutzviehstand ist auf Mastung berechnet und zwar werden alljährlich 90 Ochsen und 400 Schafe zur Mast aufgestellt. Außerdem werden eine geringe Zahl von Milchvieh, 120 Mutterschafe und 30—40 Schweine gehalten. An Handarbeitskraft sind auf beiden Gütern erforderlich: während des Sommers 20—23 Arbeiter, darunter 6 Jungen und 2—3 Frauen, und während des Winters 17 Arbeiter, worunter 13 Männer und 4 Jungen sich befinden.

Der Tagelohn beträgt:

für den Mann	1 1/2—2 *s.*
für die Frau	6—8 *d.*
für den Jungen	6 *d.*

Für beide Farms ist eine Lokomobile von 7 Pferdekraft aus der Maschinenfabrik von Hornsby zu einem Preise von 230 *l.* angeschafft und bereits seit 6 Jahren im Betriebe. Die Dampfmaschine wird für folgende Arbeiten benutzt: Heu- und Häckselschneiden, Schroten, Quetschen und Mahlen des Getreides, Brechen der Oelkuchen, Dreschen und Reinigen der Früchte. Nur zum Betriebe der Dreschmaschine ist die volle Dampfkraft erforderlich, während die anderen Maschinen gleichzeitig betrieben werden können. Der tägliche Kohlenbedarf bei 10stündiger Arbeit zum Betrieb der Dreschmaschine beträgt 600 Pfd. wogegen derselbe zur gleichzeitigen Bewegung des Häckselschneiders und der Schrot- oder Quetschmühle nur in 400 Pfd. und für den ausschließlichen Betrieb der Häckselmaschine in 350 Pfd. besteht. Die Leistungen per Tag giebt Mr Shaw folgendermaßen an:

1) beim Dreschen und Reinigen des Getreides, wobei 9 Arbeiter erfordert werden, 280 Bushels Gerste oder 320 Bushels Weizen;

2) beim Schroten des Getreides mit einem Mann Bedienung 8 Bushels Gerste;
3) beim Häckselschneiden in einem Tage soviel als für eine Woche für 14 Pferde und 90 Ochsen erforderlich ist.

Mr. W. Dewe's Farm zu Mannorhouse bei Cirencester.

Die Farm mit einer Ausdehnung von 500 Acres, vorwaltend sandigen Lehms wird nach dem gewöhnlichen Vierfeldersystem bewirthschaftet. Das lebende Inventar besteht in 9 Pferden, 30 Haupt Rindvieh, 400—500 Schafen und 120 Schweinen. Die Arbeitslöhne sind per Tag für den Mann $1\frac{1}{2}$—2 *s.* und für die Frau 9 *d.* An Arbeitskräften mangelt es in der Gegend nicht.

Die auf dem Gute befindliche transportable Dampfmaschine von 7 Pferdekraft wurde im Jahre 1853 angeschafft. Sie ist aus der Fabrik von Clayton und Shuttleworth zu Lincoln und kostet 210 *l.* Die Lokomobile findet für folgende Zwecke Verwendung: 1. für den Ausdrusch des Getreides, 2. für das Häcksel- und Heuschneiden, 3. für das Schroten und Mahlen des Korns und 4. zum Betriebe der Knochenmühle. Bei voller Dampfkraft kann zugleich ausgeführt werden:

entweder das Häckselschneiden und Kornmahlen oder Schroten,
oder das Dreschen und Häckselschneiden,
oder das Häckselschneiden und das Zerkleinern der Knochen.

Die täglichen Leistungen bei den einzelnen Arbeiten stellen sich wie folgt:

1) beim Ausdrusch des Getreides mit 18 Mann Bedienung 360 Bushels Weizen;
2) beim Quetschen des Getreides 64 Bushels, wobei nur 1 Mann zur Bedienung erforderlich ist;
3) beim Schneiden des Strohs und Heu's soviel als für 9 Pferde und 30 Stück Rindvieh auf 4 Tage nöthig ist. Das Einlegen des Stroh's, das Zutragen desselben und das Wegschaffen des Häcksels besorgen 3 Leute, nämlich 1 Mann und 2 Frauen.
4) beim Mahlen der Knochen mit einer Bedienung von zwei Arbeitern 3 Tonnen à 20 Ctr.

Die Knochenmühle ist von Fowler und Fry zu Bristol gebaut und durch eine vorzügliche Construktion ausgezeichnet.

Mr. Garn's Farm zu Kilkeny in Gloucestershire.

Das Gut hat ein Areal von 800 Acres unter dem Pfluge, welches in der landüblichen Weise nach dem Norfolker Vierfeldersystem bewirthschaftet wird. Bei der Anschaffung der transportablen Dampfmaschine mit 4 Pferdekraft lag es im Plane des Mr. Garn, dieselbe auch zum Ausdrusch des Getreides an benachbarte Farmen zu verleihen. Es fand sich auch so reichliche Gelegenheit dazu, daß im Jahre 1854 der Getreide-Ausdrusch von 3000 Acres mit der Lokomobile bewirkt wurde. Die 4pferdige Dampfmaschine ist von Clayton und Shuttleworth gefertigt und kostet 165 *l.* Bei 10stündiger Arbeitszeit ist der Verbrauch an Kohlen je nach deren Qualität 4—4½ Ctr. Auf der Kilkeny Farm wird gleichfalls die Lokomobile hauptsächtlich nur für die Dreschmaschine benutzt. Beim Betriebe derselben sind erforderlich:

1 Mann als Maschinist zu		2	*s.* Lohn täglich.
1 Mann zum Speisen der Dreschmaschine		2	" " "
6 Männer	zur Bedienung	10	" " "
4 Frauen	zur Bedienung	3	" " "
	Summa	17	*s.* Lohn per Tag.

Zu diesem Betrage kommen die Ausgaben für Kohlen mit 5 *s.* 6 *d.* sowie der Antheil an den Zinsen des Anschaffungskapitals, sowie der Abnutzung und Unterhaltung. Der durchschnittliche tägliche Ausdrusch wird von Mr. Garn auf 240 Bushels Weizen angegeben. Nach seiner mehrjährigen Erfahrung sind durch die Einführung der Lokomobile in seiner Wirthschaft 3 Pferde und 4 Arbeiter erspart worden.

Mr. J. G. Marriage's Ham-Farm bei Nutfield in Surrey.

Das Gut umfaßt 355 Acres wovon 275 Acres auf Ackerland, 75 Acres auf dauernde Weide und 5 Acres auf Wege 2c. kommen. Die Pachtung läuft auf 20 Jahre zu einer Rente von 600 *l.* Bei der schweren Bodenbeschaffenheit ist das ganze Areal drainirt, wobei der Gutsherr die Lieferung der Röhren, der Pächter die Ausführung der Arbeit übernahm. Das Ackerland wird nach folgender Rotation bewirthschaftet: 1) Hackfrucht, 2) Weizen, 3) Klee, theils Hülsenfrucht, 4) Weizen, 5) Hafer. Durch fleißige Bearbeitung und reiche Verwendung von Hülfsdünger haben sich trotz der angreifenden Fruchtfolge die Erträge von Jahr zu Jahr gesteigert. Im verflossenen Jahre z. B. wurde geerntet per Acre:

27 Bushels Weizen,
30 „ Gerste,
45 „ Hafer,
30 „ Bohnen und Erbsen,
25 Tonnen Runkelrüben.

Der Viehstand besteht aus:

10 Ackerpferden,
2 Kühen für den Haushalt,
80 Stück Rindvieh zur Mast, und
250 Schafen desgleichen.

In der Gegend macht sich ein Mangel an Arbeitern häufig fühlbar, namentlich zur Erntezeit. Auch stellen sich die Löhne in der Grafschaft verhältnißmäßig hoch, nämlich für die Männer 12-15 *s.* und für die Frauen und Kinder 3—9 *s.* per Woche. An ständigen, auf ein Jahr angenommenen Arbeiterfamilien werden 9 gehalten.

Die auf dem Gute befindliche 5pferdige Lokomobile ist aus der Fabrik von Clayton und Shuttleworth und kostet 180 *l.* Sie wird zum Dreschen, Stroh- und Heuschneiden, Quetschen des Hafers und Schroten des Mastkorns verwendet. Mr. Marriage hat die Lokomobile sowie die Dreschmaschine auf eigene Rechnung angeschafft, wogegen die Schrotmühle und andere Maschinen Eigenthum des Gutsherrn sind und der Pächter nur zu einer sorgfältigen Unterhaltung derselben verpflichtet ist.

Die Leistungen sind:

1) beim Dreschen per Tag durchschnittlich 180 Bushels Weizen,
2) beim Stroh- und Heuschneiden per Stunde 20 Centner Häckfel und
3) beim Haferquetschen per Stunde 9 Bushels.

Zur Bedienung der Dreschmaschine sind 8 Männer und 4 Jungen erforderlich. Der tägliche Kohlenbedarf bei vollem Betriebe beträgt 5 Ctr. zu dem hohen Preise von 5 *s.*

Da die Lokomobile in der Wirthschaft nicht hinreichende Beschäftigung findet, so wird dieselbe sowohl zum Ausdrusch des Getreides an benachbarte Farmer sowie zum Betriebe einer nahe gelegenen Sägemühle zeitweise vermiethet. Der tägliche Miethpreis beim Getreide-Ausdrusch, wobei gleichzeitig die Dreschmaschine gestellt und 2 Männer zur Bedienung beigegeben werden, beträgt 1½ *l.* Bei der Verwendung der Lokomobile zur Sägemühle wird dagegen täglich nur 15 *s.* Miethe gezahlt, wobei jedoch nur der Maschinenwärter von dem Vermiether gestellt wird. Ueber die Leistung der Sägemühle beim Dampfbetriebe bemerkt Mr. Marriage, daß bei 9stündiger Arbeit 2000 laufende Fuß Holz geschnitten wurden. Durch Handkraft vollführt, würde diese Arbeit 7 *l.* kosten. Bei der jetzigen Verwendung ist die Lokomobile durchschnittlich 4 Tage in der Woche beschäftigt und wird die jährliche Ersparniß an Hand- und Gespannarbeit zu 100 *l.* berechnet. Mr. Marriage hält für Güter unter 1000 Acres die 4—5pferdigen Lokomobilen für vollständig ausreichend. Bei größeren Maschinen, selbst schon von 8 Pferdekraft trete der Uebelstand eines zu schwierigen Transports, namentlich auf schlechten Wegen oder in gebirgigem Terrain der leichten Verwendung hinderlich entgegen. Wir müssen bei dieser Wirthschaft noch des Dampfpfluges Erwähnung thun. Der Gutsherr Mr. Edmund Gurney zu Nutfield-Priory hat nämlich den Fowlerschen Dampfcultivator angeschafft, um denselben seinen und den benachbarten Pächtern auszuleihen. Mr. Marriage, der im verflossenen Jahre davon Gebrauch machte, ist mit der Arbeit so zufrieden daß er in diesem Jahre 100 Acres damit pflügen zu lassen gedenkt. Bei einer Furchentiefe von 5 Zoll bearbeitet der Dampfpflug 1 Acre in der Stunde. Die Kosten bei dieser 5zölligen Beackerung betrugen per Acre 10 *s.* bei einer Bearbeitung zu einem Fuß tief dagegen 20 *s.*

Aus der Zahl der englischen Wirthschaften mögen hier noch einzelne kleinere erwähnt werden, in welche man Lokomobilen gleich zum Zweck des Vermiethens an benachbarte Farmer einführte.

Mr. James Biggs Farm zu Grove bei Leighton.

Die auf dieser Farm befindliche Lokomobile von 6 Pferdekraft ist von Hensman und Sohn in Woburn gefertigt. Der Preis derselben beträgt 190 *l.* und der dazu gehörigen Dreschmaschine 70 *l.* Bei 10stündiger Arbeit verbraucht die Maschine 6 Ctr. Kohlen. Sie wird ausschließlich zum Ausdrusch des Getreides benutzt. Im Durchschnitt der verschiedenen Fruchtarten beträgt die tägliche Leistung 240—400 Bushels. Die Bedingungen, unter welchen Mr. Biggs die Lokomobile ausleiht, sind folgende: der Miether ist verpflichtet, dieselbe von der Farm, wo sie zuletzt gearbeitet hat, mit eigenen Gespannen abzuholen, wogegen ihm der Weitertransport nicht zur Last fällt. Zum Betriebe der Lokomobile stellt der Vermiether 2 Arbeiter, den einen für die Bedienung der Dampfmaschine, den andern für die Speisung der Dreschmaschine, der Miethpreis beträgt für jeden Tag der wirklichen Arbeitsleistung 1 *l.* 10 *s.* Außerdem aber ist jedem Arbeiter als Ersatz für Kost ꝛc. 1 *s.* 6 *d.* per Tag zu zahlen. Die übrigen Leute zur Bedienung der Dreschmaschine sowie das Brennmaterial sind von dem Miether zu stellen. Die nöthige Zahl der Arbeiter schwankt, je nach den Verhältnissen zwischen 8—12.

Mr. Whiting zu Cranhams bei Cirencester.

Mr. Whiting, welcher ein kleines Pachtgut von c. 50 Acres bewirthschaftet, hat schon Anfang der 50er Jahre eine Lokomobile von 4 Pferdekraft und eine dazu gehörige Dreschmaschine zum Verleihen angeschafft. Die Bedingungen, unter welchen die Maschine vermiethet wird, stimmen im Wesentlichen mit den vorher erwähnten überein. Es gilt dies namentlich von der An- und Abfuhr der Lokomobile und der Bezahlung der beiden von dem Vermiether gestellten Leute. Der Miethpreis per Tag beträgt nur 1 *l.*, wobei die tägliche Leistung auch nur im Durchschnitte auf 200—240 Bushels Weizen anzunehmen ist. Zum vollen regelmäßigen Betriebe der Dreschmaschine sind 10 Leute von dem Miether zu stellen. Der Kohlenbedarf bei 10stündiger Arbeit ist je nach der Qualität der Kohlen 4—5 Ctr.

Vor- und Nachtheile der Verwendung von Gespann und Dampfkraft für landwirthschaftliche Zwecke.

Gleichsam als Grundlage für die folgenden Untersuchungen über die Anwendbarkeit der Dampfkraft für landwirthschaftliche Zwecke wird vor Allem die Frage über die Vor- und Nachtheile der Gespannkraft im Vergleich zur Dampfkraft beim Betriebe landwirthschaftlicher Maschinen zur erörtern sein.

a. Die Gespannkraft.

Es lassen sich gegen die Benutzung des Gespanns am sogenannten Roß- oder Göpelwerke folgende wohl begründete Einwendungen machen:

1. das Zugthier kann im Gebrauche am Göpel bei der Bewegung im Kreise seine volle Kraft nicht entwickeln;
2. diese unnatürliche, anstrengende Bewegung wird bei langer Fortsetzung einen nachtheiligen Einfluß auf die Arbeitsthiere selbst ausüben;
3. die mehrfache Uebersetzung der Triebräder im Göpel zur Erlangung einer größeren Geschwindigkeit hat eine starke, mit erheblichem Kraftverlust verbundene Friction zur Folge;
4. die schon durch die unnatürliche Bewegung bedingte, wesentliche Anstrengung der Zugthiere wird durch die Stöße oder durch die zitternde Bewegung, welche von den in Betrieb gesetzten größeren Maschinen selbst ausgehen, noch erhöht. Es ist dies namentlich der Fall, wenn die Maschinen keinen hinreichend festen Stand haben, oder wenn dieselben wie z. B. die Dreschmaschine, nicht gleichmäßig gespeist werden;
5. die gleichförmige Kraftentwicklung der Zugthiere, wenn mehrere an den Zugarmen des Göpelwerks angespannt sind, ist schwer zu erlangen. Während das eine Zugthier vielleicht übermäßig sich anstrengt, bleiben die anderen in ihrer Kraftentwicklung zurück oder gehen leer in den Zugsträngen.

Die Benutzung des Gespanns am Göpelwerk ist hiernach einmal sehr anstrengend für die Zugthiere und hat bei anhaltendem Gebrauche eine schnellere Abnutzung derselben zur Folge. Andererseits ist dabei die vereinte Wirkung dieser Ursachen ein bedeutender Kraftverlust. Nach der Ansicht des englischen Ingenieurs Morshead ist derselbe so groß, daß eine Dampfmaschine von gleicher Pferdekraft in derselben Zeit die doppelte bis dreifache Arbeit im Vergleich zum Göpelbetrieb leistet.

Zu Gunsten der Verwendung des Spannviehs für diese Zwecke spricht dagegen der Umstand, daß in Zeiten, wo die Acker-Arbeiten ruhen, sich eine Beschäftigung des Gespanns zum Betriebe einzelner landwirthschaftlichen Maschinen, namentlich der Dreschmaschine darbietet. Zu hoch darf jedoch dieser Vortheil nicht angeschlagen werden, weil viele der hiehergehörigen Arbeiten theils zu den regelmäßig wiederkehrenden wie z. B. die Zubereitung des Futters, das Schroten und Mahlen des Korns 2c., theils zu solchen gehören, wie das Dreschen, welche behufs Ausnutzung günstiger Handelsconjuncturen 2c. eine durchaus freie, von Rücksichten auf andere Wirthschafts-Geschäfte unabhängige Verfügung der Triebkraft wünschenswerth erscheinen lassen.

b. Die Dampfkraft.

Gegen die Anwendung der Dampfkraft in der Landwirthschaft läßt sich zunächst im Allgemeinen einwenden, daß sie im Vergleich zum Gespann, bis jetzt eine weniger vielseitig verwendbare Triebkraft ist. Ihre gegenwärtige lohnende Benutzung beschränkt sich auf den Betrieb größerer feststehender landwirthschaftlicher Maschinen. Die Verwendung der Dampfkraft zur Bearbeitung des Bodens ist bis heute nicht vollständig gelungen. Nach den in wenigen Jahren mit der Dampf-Bodencultur gemachten Fortschritten zu urtheilen, steht jedoch zu erwarten, daß vielleicht in kurzer Frist die bis dahin sich darbietenden mannigfachen Schwierigkeiten und Hindernisse mit Erfolg besiegt werden.

Im Speciellen nun sind zum Nachtheil der Dampfkraft folgende Punkte anzuführen.

1. Die großen Anschaffungskosten der Dampfmaschine. Der Nachweis über die wirkliche Höhe der Kosten soll später in einem besonderen Abschnitte gegeben werden. Nur soviel sei hier schon bemerkt, daß neben größerer Vollkommenheit in der Construction eine wesentliche Preisermäßigung der Maschinen eingetreten ist. Unter

sonst geeigneten Verhältnissen kann auf allen mittleren und größeren Gütern in dem Kostenpunkt kein wirkliches Hinderniß erkannt werden.

2. Die Gefahr einer Dampfkessel-Explosion. Diese ist jedoch nicht dem Zufall beizumessen, sondern wird stets entweder durch die schlechte Arbeit des Fabrikanten oder durch Sorglosigkeit und Vernachlässigung Seitens des Maschinenwärters veranlaßt. In der Regel ist das Letztere der Fall, sei es daß die Sicherheitsventile nicht in Ordnung gehalten sind, sei es daß bei Mangel an Wasser das glühende Eisen die Dampfspannung nicht erträgt, oder daß das zugeführte frische Wasser, mit dem glühenden Eisen in Berührung gebracht, eine zu starke Dampfentwicklung verursacht, oder endlich, daß bei Unterlassung einer zeitweisen Reinigung des Dampfkessels der abgesetzte Kesselstein ein Glühendwerden des Eisens und eine zu massenhafte Dampferzeugung veranlaßt. Gegen alle diese Unfälle ist die aufmerksame Bedienung der Dampfmaschine das untrüglichste Schutzmittel, wie dies die verhältnißmäßig seltenen Explosionen bei den Tausenden in der Industrie angewendeten Dampfmaschinen am besten beweisen. Warum soll aber die Landwirthschaft nur aus Besorgniß einer solchen wohl zu vermeidenden Gefahr auf die Einführung der Dampfkraft verzichten?

3. Die kostspielige Haltung eines erfahrenen und zuverläßigen Maschinisten. Die Erfahrung hat gelehrt, daß in England der gemeine Arbeiter die Bedienung der Dampfmaschine in kürzester Frist erlernt. In der Wirklichkeit erfordert die Führung der für landwirthschaftliche Zwecke aufgestellten Dampfmaschinen viel geringeres Geschick, als solche in Bergwerken, auf Seeschiffen oder Eisenbahnen, wo die verschiedensten Bewegungen in verschiedenen Graden der Schnelligkeit verlangt werden. Sorgt der mit der Bedienung der Dampfmaschine betraute Mann mit Zuverläßigkeit für die Reinhaltung des Ventils und für den richtigen Stand des Wassers, so ist die Gefahr einer Explosion nicht zu befürchten.

4. Die Feuersgefahr, welche hauptsächlich nur bei den transportablen Dampfmaschinen in Betracht kommt. Bei den neueren Constructionen sind so mannigfache Vorsichtsmaßregeln getroffen, daß bei Zuverlässigkeit des Maschinenwärters Feuersbrünste nicht zu besorgen sind. Die desfallsigen Vorkehrungen werden später in

dem Abschnitt über die Construction der Maschinen näher angegeben werden.

Die oben besprochenen mit der Anwendung der Dampfkraft verbundenen Nachtheile sind somit theils scheinbar, theils nur in bedingtem Grade wirklich vorhanden.

Zu Gunsten der Dampfkraft lassen sich dagegen folgende Vortheile geltend machen:

1. Bei der directen Wirkung der Dampfkraft auf die in Betrieb zu setzenden landwirthschaftlichen Maschinen ohne das Medium des Göpelwerks, wird der Kraftverlust, welcher beim Betriebe durch Gespann so erheblich war, vermieden.

2. Außer der Kraftersparniß im Vergleich zum Betriebe mit Spannvieh gewährt die Anwendung der Dampfkraft eine freie, von Rücksichten auf die sonst nöthigen Wirthschaftsgeschäfte unabhängige Ausführung der betreffenden einzelnen Arbeiten. So wird es möglich, die geeignetste Zeit zum Getreide-Ausdrusch zu wählen und somit die günstigsten Conjuncturen des Getreidehandels zu benutzen u. s. w.

3. Zu Gunsten der Anwendung der Dampfkraft spricht ferner der Umstand, daß die Kosten des Dampfbetriebes sich auf die Zeit der Ausführung der betreffenden Arbeiten beschränken, während beim Gespann dessen unausgesetzte kostspielige Unterhaltung, Wartung und Pflege erforderlich ist.

Bei vorurtheilsfreier Abwägung der Vor- und Nachtheile in der Benutzung von Gespann- und Dampfkraft wird man zu dem Schluß gelangen, daß durch die Einführung der Dampfkraft in die Landwirthschaft im Allgemeinen der Betrieb derselben billiger und einträglicher, als bei ausschließlicher Benutzung von Hand- und Spannkraft werden kann. Der beste Beweis für die Richtigkeit dieser Annahme ist übrigens darin gegeben, daß in Großbritannien übereinstimmend alle Farmer, welche die Dampfkraft einführten, die großen Vortheile, die ihnen daraus erwachsen sind, nicht genug rühmen können und laut bedauern, daß sie so lange beim Alten beharrten.

Die Zweckmäßigkeit der Einführung der Dampfkraft für ein bestimmtes Gut wie die daraus hervorgehenden Vortheile im Einzelnen lassen sich nur unter Berücksichtigung der besonderen Verhältnisse der Wirthschaft, namentlich deren Größe und Betriebsweise wie der Art der Maschinen-Arbeit selbst feststellen.

Anforderungen an die Construction einer für die Landwirthschaft bestimmten Dampfmaschine.

Die Anforderungen, welche man an eine für landwirthschaftliche Zwecke bestimmte Maschine zu stellen hat, unterscheiden sich wesentlich von den Ansprüchen, welche die Technik im Allgemeinen an eine Dampfmaschine macht. Es hat dieser Unterschied einestheils seinen Grund in den von der Dampfmaschine zu verrichtenden Arbeiten, welche in der Landwirthschaft von denen der Technik so mannigfach verschieden sind, anderntheils in der Eigenthümlichkeit der Männer, deren Händen die Benutzung der Dampfmaschine übergeben wird. Mit Berücksichtigung dieser besondern Verhältnisse können wir die Anforderungen an eine taugliche landwirthschaftliche Dampfmaschine in folgenden wesentlichen Punkten zusammenfassen.

1. Möglichste Einfachheit in der Construction, sowohl in Bezug auf die Anordnung des ganzen Mechanismus, als auf die Ausführung der einzelnen Theile. Nur durch Innehaltung dieser Forderung kann das Anlagekapital im Verhältniß zur Leistungsfähigkeit auf ein Minimum reduzirt werden. Durch die Erfüllung dieser Bedingung wird es überhaupt nur möglich sein, auch den meisten der anderen Anforderungen genügend zu entsprechen.

2. Möglichst bequeme Zugänglichkeit zu denjenigen Theilen der Maschine, welche einer häufigen Revision bedürftig sind. Es gilt dies namentlich von den Liderungen an Kolben und Stopfbüchsen, dem Schieberventil und allen der Reibung unterworfenen Theilen. Hierher gehört ferner, daß die betreffenden Theile ohne komplizirte mechanische Vorrichtungen und in kürzester Zeit von der Maschine getrennt und selbiger wieder einverleibt werden können.

3. Festigkeit und Dauerhaftigkeit sowohl im ganzen Zusammenhange, als in der Ausführung der einzelnen Theile, so daß die Fälle, in welchen durch Bruch oder auf sonstige Weise Maschinentheile untauglich werden, möglichst selten den Betrieb der Maschine stören.

4. Verminderung aller sogenannten schädlichen Widerstände. Dies bezieht sich zunächst auf die Friction, welche neben dem Verlust an nutzbar gemachter Arbeit stets von einer schnellen Abnutzung begleitet ist. Ferner müssen hierzu diejenigen Widerstände gezählt werden, welche aus der discontinuirlichen Bewegung der übertragenden Maschinentheile entstehen, und somit die mannigfachen Stöße und Ungleichförmigkeiten im Gang der Maschine verursachen.

5. Möglichst geringer Bedarf an Brennmaterial im Verhältniß zur Leistung der Maschine. Es ist dies eines der wichtigsten Momente, welches für die Ausnutzung des angewandten Betriebskapitals maßgebend ist. Eine Brennmaterial-Ersparniß wird im Wesentlichen nur durch vortheilhafte Anlage der Feuerung und der Kesselconstruction bedingt.

6. Die Sicherstellung gegen Feuersgefahr ist als eine weitere Anforderung an die Dampfmaschine zu betrachten, wenn ihre Anwendung ohne Bedenken bei dem landwirthschaftlichen Betriebe Platz greifen soll. Es sind namentlich diejenigen Vorrichtungen an der Maschine anzubringen, welche von dem Schornstein oder von der Feuerung aus die Entzündung naheliegender Brennstoffe befürchten lassen.

7. Ein hinlänglicher Schutz gegen äußere Einflüsse ist bei der landwirthschaftlichen Dampfmaschine um so dringlicher zu wünschen, als die Räume, welche man für die Aufstellung der Maschine bestimmt, sich nirgends weniger, als in der Landwirthschaft auf vollkommene Weise gegen die schädlichen Einflüsse von Staub, Feuchtigkeit u. s. w. schützen lassen. Die Schutzmittel selbst werden natürlich den zu schützenden Maschinentheilen anzupassen sein, sei es daß man dieselben mit einem schützenden Anstrich überzieht, sei es daß man einzelne Theile mit einer zweckentsprechenden Umhüllung verdeckt, wenn diese zu ihrer vollen Wirksamkeit der höchsten Reinheit bedürfen.

8. Schließlich ist die leichte und sichere Führung der Maschine eine unerläßliche Bedingung. Es müssen deshalb diejenigen Theile, durch deren Handhabung der Führer den Gang der Maschine beherrscht, in der Construction einfach, in der Behandlung bequem und sicher sein.

Zum Beweise, daß den obigen Anforderungen in der That Genüge geleistet werden kann, und daß dies bei den meisten zur Anwendung gelangten Constructionen bereits mehr oder minder geschehen ist, soll in Folgendem auf die Construction der Dampfmaschine, wie sie sich für landwirthschaftliche Zwecke eignet, näher eingegangen werden.

Die Dampfmaschine läßt in ihrer Anordnung je nach dem Prinzip, welches die Wirkungsweise des Dampfes bestimmt, mannigfache Verschiedenheiten zu. Wir begegnen bei den für die Landwirthschaft tauglichen, und für ihre Zwecke bei weitem am häufigsten in Aufnahme gekommenen Systemen nur den sogenannten wechselwirkenden oder Kolbenmaschinen, auf deren ausschließliche Betrachtung wir uns daher in der Folge beschränken werden. Bei allen hierher gehörigen Systemen erzeugt der Dampf, welcher in einem Cylinder abwechselnd auf die untere und obere Fläche eines Kolbens wirkt, eine hin und her gehende Bewegung desselben. Diese wird durch einen passenden Uebertragungs-Mechanismus auf eine Schwungradwelle übertragen und somit in eine rotirende Bewegung verwandelt. Die Kolbenmaschinen arbeiten bekanntlich entweder mit oder ohne Condensation; in ersterem Falle sind sie Niederdruck-, im zweiten Hochdruckmaschinen. Obgleich in vereinzelten Fällen bis zu Anfang der 30er Jahre Niederdruckmaschinen in schottischen Wirthschaften zur Verwendung kamen, so hat man sich doch im Laufe der Zeit immer bestimmter für den ausschließlichen Gebrauch von Hochdruckmaschinen entschieden. Dem Ingenieur Burstall, welcher 1832 die erste Hochdruckmaschine in der Landwirthschaft zur Anwendung brachte, gebührt das Verdienst, durch die unzweideutigsten Erfolge die Vortheile der Hochdruckmaschine für den landwirthschaftlichen Betrieb in ein klares Licht gestellt zu haben. Wenn auch bei der Niederdruckmaschine vermöge der sinnreichen Wirkungsweise des Dampfes in derselben eine höhere Ausnutzung der Betriebskosten im Allgemeinen zu erwarten ist, so muß dieser einseitige Vorzug in den Augen des Landwirthes mehr als aufgehoben erscheinen durch die mit dem Gebrauch der Hochdruckmaschine verknüpften Vortheile, welche eine Niederdruckmaschine nie zu bieten im Stande sein wird. Die Anschaffungskosten stellen sich bei gleicher Leistungsfähigkeit für die Hochdruckmaschine als erheblich billiger heraus. Grund hiervon ist die bei weitem einfachere Construction, welche gleichzeitig die Erfüllung der wesentlichen obenerwähnten Anforderungen möglich macht. Die Handhabung der Maschine ist leicht und sicher, und die Fälle, wo eine Störung in der Maschine den ganzen Betrieb aufhält, sind außerordentlich selten Außerdem ist die Hochdruckmaschine für die räumlichen Verhältnisse bei weitem bequemer und erfordert etwa nur $1/_{12}$ bis $1/_{18}$ des Speisewassers, dessen die Condensationsmaschine bedürftig ist. Seit man endlich durch Erfindung der Expansionsvorrichtung gelernt hat, auch den hochgespannten Dampf in vollkommenerer Weise auszunutzen, dürfte wohl die letzte Stimme für die Niederdruckmaschine in der Landwirthschaft verstummt sein. Was das Wesen der Expansions-Maschine betrifft, so besteht dies bekanntlich darin, daß man den hochgespannten Dampf nicht während des ganzen Hubes in voller Spannung auf den Kolben wirken läßt. Man sperrt durch eine passende Vorrichtung den Dampfzutritt mehr oder minder früh vor dem Ende eines jeden Kolbenhubes ab. Der im Cylinder abgesperrte Dampf treibt während er sich unter stetiger Abnahme der Spannung mehr und mehr ausdehnt, den Kolben bis zur Vollendung seines Hubes. Indem man also dem Kolben weniger hochgespannten Dampf liefert, nutzt man denselben vollkommener aus, wodurch es möglich ist, dieselbe Leistung bei geringerem Dampfverbrauch oder bei demselben Dampfverbrauch eine größere Leistung zu erzielen. Für die landwirthschaftlichen Zwecke möchten solche Maschinen besonders wünschenswerth erscheinen, welche nach Belieben mit oder ohne Expansion arbeiten.

Die Arbeiten, welche in der Landwirthschaft durch Dampfbetrieb auszuführen sind, erfordern nämlich einen sehr wechselnden Kraftaufwand, wie beispielsweise der Betrieb der Dreschmaschine oder des Häcksel- und Wurzelwerkschneiders 2c. beweist. Die oben angedeutete Anordnung, welche sich ohne erhebliche Complication herstellen läßt, erscheint daher als das geeignetste Mittel, die Kraft der Maschine ihrer Arbeit anzupassen.

Je nach den besondern Verhältnissen, unter denen die Dampfkraft in der Landwirthschaft zur Anwendung kommen soll, gibt man der Maschine die Form einer feststehenden oder einer transportabeln, welcher letztern man den Namen Lokomobile beigelegt hat. Die Rücksichten, welche man in Bezug auf Compactheit in der ganzen Anordnung, auf Bequemlichkeit in der Handhabung der landwirthschaftlichen Maschinen im Allgemeinen zu zollen hat, gelten natürlich im Besondern für die Lokomobile. Bis zum Jahre 1841 waren nur stehende Dampfmaschinen im Gebrauch; die erste Lokomobile baute Mr. Dean in Birmingham. Seitdem die letztere in ihrer Construction so wesentliche und anerkennenswerthe Verbesserungen erfahren hat, erfreut sie sich in der Landwirthschaft einer immer steigenden Verbreitung.

Nach diesen kurzen Ueberblick über die Anordnung und Eintheilung der Dampfmaschinen im Allgemeinen können wir auf einige der gebräuchlicheren Constructionen selbst eingehen; wobei insbesondere auf die oben angegebenen, für die landwirthschaftliche Benutzung wichtigen Anforderungen Rücksicht genommen werden soll. Es kommt hierbei zunächst in Betracht

a. die dampferzeugende Vorrichtung.

Von der Construction des Dampferzeugers, also von der Kesselvorrichtung sind hauptsächlich folgende höchst wichtige Momente abhängig:

1) die Gefahren der Explosion,

2) die mehr oder minder vollständige Ausnutzung des Brennmaterials und,

3) die Feuergefährlichkeit der Dampfmaschine.

Was die Gefahren der Kesselexplosion betrifft, welche gerade bei der Hochdruckmaschine besonders beachtenswerth sind, so basiren sie, wenn wir von der Wahl und Stärke des Materials*) zu den Kesselwandungen absehen, nur noch auf der Form des Kessels und der Construction der Sicherheitsvorrichtungen.

Wo die Form des Kessels wesentlich von der regelmäßigen cylindrischen Gestalt abweicht (wie es z. B. bei den jetzt selten mehr in Gebrauch befindlichen sogenannten Kofferkesseln der stehenden Maschinen oder bei den Feuerbüchsen einzelner Lokomobilen

*) In den deutschen Staaten auf's Strengste durch gesetzliche Bestimmungen überwacht.

der Fall ist,) läßt sich die vollkommenste Sicherheit durch zweckentsprechende Verbindung der Kesselwandungen mittelst Bolzen, Zug- oder Strebestangen erreichen. Die Erfahrung hat gelehrt, daß die schwächsten Stellen der Kesselwandungen diejenigen sind, wo zwei vom Feuer bestrichene Platten übereinandergreifen und vernietet sind. Diese Stellen sind durch ihre größere Dicke einer bedeutenderen Erhitzung ausgesetzt, als die übrige Wandfläche, woraus nicht nur ein leichteres Abbrennen, sondern auch eine allmälige Schwächung durch die ungleichförmige Ausdehnung und Zusammenziehung des Metalls folgt. Aber auch diesem Uebelstande hat man mit dem besten Erfolg durch eine sinnreiche Verbesserung in Bezug auf die Nietung der inneren Kesselwandungen abgeholfen. Dieselbe wird z. B. bei dem Adamsonschen Kessel vom Feuer gar nicht getroffen, sondern beständig vom Wasser bespült.

Da der Wasserraum bei den Hochdruckmaschinen, und besonders bei den Lokomobilen behufs einer sehr raschen Dampfentwickelung im Verhältniß zu der vom Feuer berührten Fläche auf ein Minimum reducirt ist, so sind freilich die Vorkehrungen zur Sicherstellung gegen zu niedrigen Wasserstand und zu hohe Spannung mit verdoppelter Sorgfalt anzubringen*). Die Vorrichtungen zur Regulirung der Dampfspannung, seien es gut construirte Sicherheitsventile, seien es Schmelzplatten mit Signalpfeife, ferner die Theile der Garnitur, welche man entweder zur untrüglichen Erkennung des Wasserstandes, oder zur selbstthätigen Regulirung der Speisevorrichtung ersonnen hat, sind zum großen Theile von so vollkommener Construction, daß eine Gefährdung von dieser Seite nur durch die allergröbsten Verstöße des Maschinenwärters zu fürchten ist. Um die große Vorsicht, welche man grade auf die Construction dieser Maschinentheile verwandt hat, einigermaßen darzuthun, erinneren wir nur an das sogenannte „absolute Sicherheitsventil“ von Nasmith, welches, falls es eingerostet sein sollte, von dem Wasser, sobald es zum Kochen kommt, unfehlbar gelöst und in steter Empfindlichkeit erhalten wird. Dieses Ventil spart einem nachlässigen Wärter sogar die Mühe, sich vor dem Anheizen der Maschine von

*) Auch hierüber bestehen in den deutschen Staaten hinreichend sichernde gesetzliche Bestimmungen.

der Zuverlässigkeit desselben zu überzeugen. Es bleibt dem Führer einer Lokomobile, welche mit derartigen anerkannten Vorkehrungen versehen ist, fast Nichts zu thun übrig, als gut zu feuern, die Geschwindigkeit der Maschine zu überwachen und sich dann und wann zu überzeugen, ob das Gefäß für das Speisewasser hinreichend gefüllt ist. Man kann sogar, wie dies bei manchen Maschinen in der Industrie der Fall ist, die Feuerung so construiren, daß, wenn bei einer ganz unbedachtsamen Behandlungsweise der Wärter die Gefahren einer Explosion herannahen sieht, er durch den Ruck eines Hebels den Rost mitsammt dem darauf flammenden Brennmaterial in ein unter der Feuerung befindliches, mit Wasser gefülltes Reservoir fallen läßt, und somit der Dampfentwickelung sofort ein Ende macht.

Die Gefahren, welche dem Kessel durch allzustarken Ansatz von Kesselstein drohen, sind bei öfterem Ausräumen und rechtzeitiger Revision des Kessels leicht zu vermeiden, und liegt es in der Hand des Besitzers, denselben auf angedeutete Weise entgegenzuarbeiten.

Die zweite Aufgabe der Kesselanlage bestand in der möglichst vollkommenen Ausnutzung des Brennmaterials. Es ist grade hierauf bei den neuern Constructionen ganz besonderer Fleiß und Sorgfalt verwendet und sind hinsichtlich der Brennmaterial-Ersparniß ausnehmend günstige Resultate erzielt worden, wie sich dies aus den unten mitgetheilten Versuchen ergiebt.

Die Erfüllung dieser Aufgabe hängt hauptsächlich von zwei Umständen ab:

1. von der möglichst vollkommenen Abgabe der erzeugten Wärme an die Kesselwandungen, und

2. von der möglichst vollständigen Verbrennung des angewandten Brennmaterials.

Um erstere Bedingung zu erfüllen, hat man die vom Feuer berührte Fläche in Beziehung zum Inhalte des Kessels möglichst vergrößert. Bei der stehenden Maschine, für welche der ganze Kessel eingemauert wird, also gegen Wärmeverlust durch Ausstrahlung und Abgabe an die Luft hinlänglich geschützt ist, wird die vollständige Aufnahme der Wärme dadurch erzielt, daß man die Heizgase durch einen oder mehrere entsprechend weite Züge streichen läßt, welche entweder durch den Kessel hindurch oder längs seiner Seiten hinlaufen. Die erhitzten Gase behalten so, ehe sie in den Schornstein treten, eine nur wenig höhere Temperatur als die Kesselwandungen haben. Dadurch, daß man die Feuerung anstatt unter dem Kessel, nach dem Vorbilde des Cornwall'schen Kessels, in diesem selbst anbringt, verwerthet man auch die gesammte strahlende Wärme der Feuerung. Um die Heizfläche stehender Kessel zu vergrößern, versieht man sie häufig mit Siederöhren, welche von den Zügen der Länge nach bespült werden. Auch hat man von der anerkannten Erfahrung, daß ein Luftstrom seine Wärme besser abgibt, wenn er in geneigter Richtung eine Kesselwand trifft, als wenn er glatt an derselben vorbeistreicht, mehrfache sinnreiche Anwendungen gemacht. In diesem Behuf läßt man die Züge sich abwechselnd erweitern und verengen oder setzt sogar einzelne Theile der Kesselwand in senkrechter Richtung dem Zuge aus. Die beste der hierher gehörigen Kesselconstructionen ist unstreitig die von Galloway in Manchester, welche laut dem Zeugnisse der erfahrensten Ingenieure unerreicht da steht.

Bei der Kesselconstruction der Lokomobile sind noch besondere Rücksichten zu nehmen. Einmal ist die Ausdehnung des Kessels schon wegen der unzulässigen Gewichtsvermehrung möglichst zu beschränken, sodann aber verlangt der Wärmeverlust nach außen, welcher selbst durch vorsichtige Umhüllung mit einem Mantel von schlechten Wärmeleitern nie vollständig erreicht werden kann, eine möglichste Verringerung der äußern Kesselfläche. In Rücksicht hierauf hat man bei Lokomobilen Röhrenkessel, ähnlich denen der Lokomotiven gewählt, und wie bei diesen die Wandungen der Feuerbüchse zu Theilen des Wasserraums gemacht. Durch diese Vergrößerung der erwärmenden Berührungsfläche hat man so glückliche Erfolge erzielt, daß, wie die unten angegebene Zusammenstellung des Brennmaterial-Bedarfs der Lokomobilen und der stehenden Maschinen zeigt, erstere sogar einen entschiedenen Vorzug haben.

Das zweite wichtige Moment für die vollkommenere Ausnutzung des Brennmaterials ist die vollständige Verbrennung durch die sogenannte rauchverzehrende Feuerung. Bei stehenden Maschinen ist dieselbe durch Doppelroste zu erreichen, welche bekanntlich abwechselnd so gespeist werden, daß die sauerstoffreichen Verbrennungsprodukte von dem einen Roste eine vollständige Verbrennung der Gase vom andern frischgespeisten Roste bewirken. Die Gase mischen sich gleich hinter den stark erhitzten Feuerbrücken und durchlaufen gemeinschaftlich die Züge. Da bei Röhrenkesseln der beschränkte Raum im Allgemeinen die Anwendung des Doppelrostes unmöglich macht, so erzielt man hier die vollständige Rauchverzehrung durch Einführung von erhitzter Luft zu den vom Rost ausgehenden Gasen. Die Luft vermischt sich mit ihnen entweder vor oder hinter der starkerhitzten Feuerbrücke; und damit die Verbrennung nicht durch die rasche Abkühlung in den Heizröhren verhindert werde, passiren die Gase gleich hinter der Feuerbrücke eine sogenannte Rauch-Verbrennungskammer. Hervorzuheben sind in Bezug auf die vollkommene Rauchverzehrung die Constructionen von Adamson und Lee Stevens, letztere besonders wegen sinnreicher Vorwärmung der Luft.

Der dritte bei der Kesselconstruction zu berücksichtigende Punkt war die Feuergefährlichkeit. Dieselbe ist ausschließlich von dem vorderen Theile der Feuerung und dem Schornsteine zu befürchten. Da die feststehende Maschine wohl ohne Ausnahme mit einem eigenen Maschinen- oder Kesselhause versehen ist, so mag die von der Feuerung ausgehende Gefahr einer Entzündung leicht brennbarer Gegenstände in den seltensten Fällen zu erwarten sein. Der lebhafte Zug, welcher stets von außen her sowohl gegen die Oeffnung des Aschenfalls und in diesem gegen die Roststäbe gerichtet ist, macht ein Herausfallen der glühenden Asche ganz unmöglich, zumal wenn, wie beim Fairbairn'schen und Cornwall'-Kessel, Rost und Aschenfall ganz im Kessel liegen. Der Aschenfall ist hierbei ganz oder zum Theil mit einer Klappe oder einem Schieber verschließbar, welcher den Zug reguliren läßt. Unter demselben haben viele Maschinen einen mit Wasser gefüllten Kasten, worin die herabstürzende Asche sofort erlischt. Es gestattet dies nicht nur eine nachherige Verwerthung des nicht vollkommen verbrannten Kohlenkleins, sondern es sollen auch die sich entwickelnden Wasserdämpfe die Verbrennung lebhafter machen. Bei einer derartigen Anordnung kann von einer Feuersgefahr gar nicht die Rede sein. Bei geöffneter Heizthür geht ferner ein lebhafter Zug durch diese nach dem Roste hin, so daß auch hier von Funken oder glühender Flugasche nichts zu fürchten ist; nur Holz und Holzkohlen, welche beim Verbrennen oft heftig decrepitiren, würden es vermögen, glühende Theilchen selbst gegen den lebhaften Luftzug durch die Heizthür zu schleudern. Die vom Roste etwa abzuziehenden Schlacken können durch sofortiges Ablöschen unschädlich gemacht werden. Die bei der feststehenden Maschine vom Schornstein ausgehende Feuersgefahr ist noch geringer. Der gemauerte Schornstein besitzt eine solche Höhe, daß Funken, welche selbst die obere Mündung desselben verlassen sollten, weit eher verlöschen, bevor sie brennbare Gegenstände erreichen. Ist die Feuerung rauchverzehrend, so ist dies fast unmöglich, da alsdann kein unverbranntes Kohlentheilchen, sondern nur längst verbrannte Flugasche den Schornstein verläßt, welche aber schon in den Zügen weit unter die Glühhitze sich abgekühlt hat. Endlich kann durch abwechselnde Erweiterung und Einschnürung der Züge dem Ausfliegen der Flugasche vorgebeugt werden; diese sammelt sich, wie z. B. beim Overman'schen Kessel in den Erweiterungen der Züge und kann, wenn der Kessel nicht in Betrieb ist, ausgeräumt werden. Die Lokomobile läßt vermöge ihrer Aufstellung im Freien eher die Gefahr der Entzündung befürchten. Es war daher nothwendig, daß man bei ihr umfassendere Sicherheitsvorrichtungen anbrachte. Man kann sich auch hier eines mit Wasser gefüllten Reservoirs im Aschenfall bedienen, oder man verschließt den Zugang zum Aschenkasten durch eine doppelte Thür; in der vorderen Platte ist eine Oeffnung mit einem Schieber; die Hinterplatte hat eine gleich große Oeffnung, welche aber der erstern nicht gegenübersteht, so daß unmöglich Funken oder glühende Aschentheile herausfallen können. Beim Oeffnen der Doppelthür kann die Asche gleich in Wasser abgelöscht werden. Dasselbe gilt für die vom Rost etwa zu entfernenden Schlacken. Die Heizthür bietet auch hier keinerlei Besorgniß, wenn, wie dies bei den meisten Lokomobilen der Fall ist, die Rostsohle beträchtlich tiefer als die untere Kante der Ofenthür liegt. Es bleibt nur noch der Schornstein in der Lokomobile als einziger Ausgangspunkt der Feuersgefahr. Leitet der Wärter die Feuerung zur möglichst vollkommenen Rauchverbrennung, so wird aus oben angeführten Gründen auch hier das Ausstreuen von Funken nicht leicht vorkommen können, da der vom Cylinder abgehende Dampf in den Schornstein geführt wird, sich dort theilweise condensirt, und die Abkühlung der Funken beschleunigt. Um sich jedoch noch vollkommener gegen die Gefahr durch Funkensprühen zu sichern, bedient man sich mit bestem Erfolge der sogenannten Funkenfänger. Diese bestehen aus Drahtnetzen, welche auf eisernen Rahmen ausgespannt, entweder im Aschenkasten oder im Schornstein oder an dem oberen Ende desselben angebracht sind. Gewöhnlich hat man deren zwei, eines am untern, das andere am obern Ende des Schornsteins. Der Gasstrom schleudert die glühenden Theilchen gegen den untern Funkenfänger, so daß sie machtlos in den Rauchkasten zurückfallen, während die Gase durch die Maschen und an den Seiten des Funkenfängers, welcher nicht dicht an die Wandungen anschließt, ungehindert entweichen. Der über dem Schornsteine angebrachte Funkenfänger greift über den Schornsteinrand hinüber, indem er noch einen geringen Zwischenraum von etwa einem Zoll gewährt. Wenn die Maschen derselben so dicht sind, daß sie nur solche Theilchen durchlassen, die entweder im Schornstein selbst, oder doch gleich, nachdem sie ihn verlassen haben, verlöschen, so wird der Apparat vollkommene Sicherheit bieten.

Außer der zweckentsprechenden Kesselconstruction hängt die Erfüllung der oben erwähnten wesentlichen Anforderungen von der Anordnung desjenigen Theiles der Dampfmaschine ab, welcher den Dampf aufnimmt und durch dessen Expansivkraft in Bewegung gesetzt wird. Wir wenden uns daher

b. zum Bewegungs-Mechanismus der Dampfmaschinen.

Die Anordnung des Bewegungsmechanismus der Kolbenmaschine, von welcher hier nur die Rede ist, läßt noch mannigfachere Verschiedenheiten zu als die Kesselanlage. Da durch ein richtiges Verhältniß in der Construction der einzelnen Theile den Erfordernissen eines tauglichen Bewegungsmechanismus auf sehr verschiedene Weise zweckentsprechend genügt werden kann, so ist für die Wahl unter diesen Anordnungen keine allgemein gültige Entscheidung möglich. Trotzdem sind einzelne Momente hervorzuheben, welche für die Erfüllung der vorerwähnten Anforderungen an die landwirthschaftliche Maschine von unzweifelhafter Bedeutung sind.

Man unterscheidet hinsichtlich der Art und Weise, in welcher der Cylinder angebracht ist, im Allgemeinen Maschinen mit feststehendem und beweglichem (oscillirendem) Cylinder. Die oscillirenden Cylinder-Maschinen sind in der Landwirthschaft nicht zu verbreiteter Aufnahme gekommen, wenngleich sie sich auch in der Uebertragung der Bewegung vom Kolben zur Schwungradachse, sowie in der Anordnung von Steuerung und Expansionsvorrichtung durch besondere Einfachheit auszeichnen. Als Mängel dieser Maschinen sind die rasche Abnutzung der Kolbenstange und der Stopfbüchse, sowie der hierdurch hervorgerufene Dampfverlust und die häufigen Störungen, denen die Steuerung unterliegen kann, hervorzuheben, weshalb sie auch, abgesehen von einigen Versuchen, nirgends Eingang für die landwirthschaftliche Benutzung gefunden haben. Die bis jetzt in der Landwirthschaft gebräuchlichen Maschinen sind sämmtlich mit feststehendem Cylinder versehen. Man kann letztere wieder eintheilen in Maschinen mit horizontalem und mit verticalem Cylinder. Jede dieser Constructionen hat ihre besondern Vorzüge, aber auch ihre Schattenseiten. Maschinen mit horizontalem Cylinder lassen eine große Einfachheit und Stabilität in der Gradführung zu. Sind jedoch die Dimensionen der Maschinen bedeutende, so tritt ein Uebelstand hervor, welcher ihre Anwendung verbietet. Cylinder und Stopfbüchse nutzen sich alsdann auf der untern Seite stark ab; es entstehen außer den erheblichen Dampfverlusten Formveränderungen, welche sich nur durch Erneuerung des ganzen Maschinentheiles wieder ausgleichen lassen. In neuerer Zeit hat man auch diesem Uebelstande dadurch vorgebeugt, daß man die Stempelstange durch den Kolben durchgehen läßt. Dieser Fortsatz der Kolbenstange erhält durch eine Stopfbüchse im Boden des Cylinders eine zweite Führung, so daß eine Abnutzung des Kolbens an der unteren Fläche selbst bei größern Maschinen nicht zu befürchten ist. Die einzige durch die Lage des Cylinders bedingte Abnutzung fällt somit auf die beiden Stopfbüchsen, die jedoch leicht durch einige Aufmerksamkeit auf die Dichtung derselben vermieden werden kann. Da bei der Lokomobile die soeben gerügten Nachtheile wegen der Leichtigkeit des Kolbens nicht eintreten so hat man für sie den horizontalen Cylinder meist angewendet. Ein verticaler Cylinder würde übrigens bei der Lokomobile der Pleuelstange nicht leicht die nöthige Länge gewähren. Die Tuxford'sche Lokomobile, welche sonst sehr geschätzt wird, macht zwar eine Ausnahme hiervon. Der verticale Cylinder ist in einem Gehäuse am Ende des Kessels eingeschlossen und vor äußeren Einflüssen und Wärmeverlusten möglichst geschützt. Ausreichende Erfahrungen über die Abnutzung des Mechanismus und die Leichtigkeit der Reparatur an dieser Maschine liegen bis jetzt noch nicht vor.

Bei der feststehenden Maschine, wo das Gewicht eines soliden Gestelles, nur beim Kostenpunkte in Betracht kommt, wo also eine dauerhafte Gradführung sich unter allen Umständen bequem einrichten läßt, zieht man die Maschine mit verticalem Cylinder vor. Die solide Wand des Maschinenhauses kann bei der verticalen Maschine das Gestell theilweise vertreten, sobald bei der Anlage hierauf die nöthige Rücksicht genommen wird. Man kann dabei die Schwungradwelle über oder unter dem Cylinder anbringen. Für die Dauerhaftigkeit und geringe Abnutzung der Gradführung ist es von Nutzen, die Pleuelstange, welche bekanntlich Kolbenstange und Krummzapfen verbindet, möglichst lang zu machen; soll die Schwungradwelle über dem Cylinder liegen, so muß sie hoch angebracht werden, um dieser Bedingung zu entsprechen. Dies hat jedoch in den meisten Fällen manche Unbequemlichkeiten und ist namentlich wegen der hohen Träger für die Lage der Hauptwelle kostspielig. Man stellt deshalb meist den Cylinder über die Schwungradwelle und kann alsdann sowohl der ganzen Maschine eine größere Compactheit, wie auch der übertragenden Vorrichtung eine größere Solidität und Sicherheit gegen die Abnutzung geben. Eine hierhin gehörige, in England sehr beliebte Form ist die sogenannte Tischmaschine (table-engine). Die Schwungradwelle liegt bei derselben ziemlich niedrig. Ueber ihr steht auf einer von 4 Ständern getragenen Platte der Cylinder. Die Gradführung wird durch 2 Rollen oder Schlitten bewirkt, welche auf Gleitschienen laufen, die sich über dem Cylinder befinden. Von dem Kopf der Kolbenstange aus geht zu jeder Seite des Cylinders eine Pleuelstange herunter, welche an einer entsprechenden Verkröpfung der Schwungradwelle mittelst Kopflager angreifend, dieser eine rotirende Bewegung ertheilen. Es ist klar, daß man bei dieser Anordnung den übertragenden Lenkerstangen (Pleuelstangen) leicht die doppelte Länge des Kolbenhubes und darüber ertheilen kann, ohne die wesentlichen Maschinentheile (Cylinder und Schwungradwelle) zu sehr voneinander zu entfernen. Ransome und Sims suchten bei ihren Lokomobilen die Unannehmlichkeiten, welche eine zu kurze Lenkerstange mit sich führt, auf andere Weise zu beseitigen, sie gaben der Maschine eine hohle Kolbenstange, so daß die Lenkerstange, welche in einem Scharnier direkt am Kolben angreift, in der hohlen Kolbenstange Raum für ihre Oscillationen findet. Kolben und Kolbenstange ersetzen hier allein schon die Gradführung. Bei größeren und feststehenden Maschinen würde durch diese Anordnung ein erheblicher Wärmeverlust nicht zu verhindern sein.

Hornsby erzielte eine außerordentliche Leistungsfähigkeit seiner Lokomobile mit Rücksicht auf den Brennmaterial-Verbrauch hauptsächlich durch Aufhebung der Kraftverluste, welche durch theilweise Condensation des Wasserdampfes im Cylinder selbst und in den Zuleitungen zu demselben entstehen. Bei dieser Lokomobile liegt der Cylinder ganz in dem Dampfraume der Feuerbüchse, und der zugeführte Dampf muß zuerst zwischen dem Cylinder und einer ihn umgebenden Hülle circuliren. Einzelne, wie Clayton und Shuttleworth, legen auch den Cylinder in die Rauchkammer selbst. Wenn hierbei der aus dem Kessel zum Cylinder strömende Dampf ebenfalls mittelst einer Hülle um denselben circulirt, so wird er in der That überhitzter Dampf und bietet alle Vortheile, welche aus dessen Anwendung entspringen.

Die Geschwindigkeit der Maschine wird bei allen Constructionen durch einen Kugelregulator in möglichst gleichförmigem Zustande erhalten. Die Bewegung des Regulators wird auf die verschiedenste Weise, je nach der Stellung und Entfernung desselben von der Drosselklappe durch einfache Hebelverbindungen auf die letztere übertragen. Man klagt bei manchen Maschinen über Unregelmäßigkeit in den Leistungen des Regulators, welcher häufig ganz versagt. Dies hat in den meisten Fällen seinen Grund in der zu complicirten Verbindung mit der Drosselklappe; je einfacher die Verbindung, je weniger Theile bei der Uebertragung in Bewegung zu setzen sind, desto sicherer und zuverlässiger ist nach den Erfahrungen englischer Ingenieure die Wirkung. Die Clayton'sche Lokomobile hat aus diesem Grunde einen ganz zuverlässigen Regulator.

Zur Uebertragung der Bewegung von der Schwungradwelle entweder direkt oder durch das Mittel der Transmissionswelle zur landwirthschaftlichen Maschine verdient die Riemscheibenvorrichtung den entschiedenen Vorzug, da diese bequem und sicher im Anlassen und Auslösen ist, und der Triebriemen selbst sich leicht regieren läßt. Die Uebertragung durch Zahnräder ist nur in beschränktem Maße zulässig, weil dieselben oft geschmiert und vor Staub geschützt werden müssen, wenn der Kraftverlust durch die Zahnreibung nicht zu erheblich sein soll. Bei gußeisernen Zahnrädern macht außerdem ein Bruch entweder das ganze Rad untauglich, oder wenn der Bruch nur einen einzelnen Zahn betrifft, erfordert das Einsetzen eines neuen schmiedeeisernen eine längere Unterbrechung im Betriebe der Maschine. Wo es sich um größere Geschwindigkeiten handelt, möchten Treibriemen überhaupt wohl nicht zu entbehren sein.

Bei Lokomobilen ist es schon wegen der Gewichtsvermehrung unzulässig, die Gleichförmigkeit in der Bewegung durch eine große Masse des Schwungrades zu erzielen. Es bleibt daher nichts anders übrig, als die Ungleichförmigkeiten sowohl im Gange der Maschine als in dem stets veränderlichen Nutzwiderstande durch eine erhöhte Geschwindigkeit der Rotation auszugleichen. Daher ist der Durchmesser des Schwungrades bei der Lokomobile durchschnittlich nie größer als 4½ bis 5 Fuß, während selbiges meistens 100 bis 150 Umdrehungen in der Minute macht. Gewöhnlich ist dasselbe so angefertigt, daß es zugleich als Treibscheibe dient. Bei der feststehenden Maschine fallen die Bedenken wegen der Vergrößerung des Schwungrades weg.

Die Vorrichtungen zur Handhabung der Maschine, zum Anlassen und Absperren des Dampfes, zur Ingangsetzung des Pumpenwerkes, zum Auslassen des im Cylinder condensirten Wassers u. s. w. sind so angeordnet, daß der Führer zu allen einen bequemen Zugang hat. Bei der Lokomobile sind die wichtigern der genannten Theile an oder neben der Feuerbüchse so angebracht, daß der Wärter ihnen stets nahe ist und sie alle zugleich und fortwährend übersehen kann. Selbst der Unkundige wird in kurzer Zeit durch Erfahrung ihren Gebrauch kennen lernen.

Prüfung der Dampfmaschine auf ihre Leistungsfähigkeit und Zusammenstellung der Resultate dieser Prüfungen.

Zu den außerordentlichen Verbesserungen, welche die landwirthschaftlichen Dampfmaschinen, namentlich die Lokomobilen in neuester Zeit erfahren haben, gaben die Bemühungen der landwirthschaftlichen Vereine Großbritanniens, besonders die Königl. Landwirthschafts-Gesellschaft von England, den Impuls. Die Preisbewerbungen, die man ausschrieb, die genaue und unparteiische Prüfung der concurrirenden Maschinen von verschiedener Construction mußten nicht nur die Fabrikanten selbst zu immer größern Anstrengungen in Bezug auf Verbesserung anfeuern, sondern die Ausstellung und vergleichende Prüfung war auch ein sehr geeignetes Mittel, dem gesammten landwirthschaftlichen Publikum die Beurtheilung hinsichtlich der Leistung der Dampfmaschine klar vor Augen zu führen. Die Prüfung war in die Hände der erfahrensten Ingenieure gelegt, und die von diesen eingeschlagenen Prüfungsmethoden sind streng wissenschaftliche. Dieselben erweckten Anfangs selbst bei den Maschinen-Fabrikanten kein ganz volles Zutrauen. In Folgendem soll ein allgemeiner Umriß der Prüfungsmethoden gegeben werden, um die Uebersicht über die numerischen Angaben der Resultate zu erleichtern.

Wir bemessen bekanntlich die Leistungsfähigkeit einer Dampfmaschine nach Pferdekräften, worunter wir eine Kraft verstehen, welche im Stande ist 550 Pfund in 1 Sekunde 1 Fuß (resp. 1 Pfund in 1 Sekunde 550 Fuß) hoch zu heben. Es ist hierbei englisches Maß und Gewicht vorausgesetzt, um die hier angeführten Verhältnisse mit den späteren Zahlenangaben in Uebereinstimmung zu bringen. Im Allgemeinen schwankt der Dampfüberdruck bei den landwirthschaftlichen Hochdruckmaschinen zwischen 30 bis 50 Pfund auf den Quadratzoll. Die Kraft, womit der Kolben im Cylinder vorwärts getrieben wird, ist offenbar das Produkt aus seinem Querschnitt (in Quadratzollen) in die Größe des Ueberdrucks in Pfund. Multiplizirt man diesen Totaldruck noch mit dem Wege, den der Kolben in einer Sekunde zurücklegt, so erhalten wir die vom Dampf in einer Sekunde vollführte Arbeit. Dieses Produkt brauchen wir nur durch 550 zu dividiren, um die

Anzahl der den Kolben bewegenden Pferdekräfte zu erfahren. Wir erhalten jedoch auf diese Weise nur den sogenannten dynamischen oder theoretischen Effect der Maschine, welcher die wirkliche Leistungsfähigkeit der Maschine, den Nutzeffect, um ein Bedeutendes übersteigt. Dies hat seinen Grund darin, daß einestheils bei der Uebertragung der Bewegung vom Kolben zum Schwungrad die bereits oben mehrfach besprochenen Widerstände, Friction u. s. w. einen sehr wesentlichen Theil der nutzbar zu machenden Kraft consumiren, anderntheils daß die thatsächliche Spannung im Cylinder besonders bei schneller Bewegung des Kolbens um Bedeutendes hinter der Spannung im Kessel zurückbleibt, selbst wenn auch die Dampfkanäle weit genug sind und die Steuerungsvorrichtung dicht schließt. Daher kommt es, daß man den Kolbenquerschnitt zur Erlangung einer gegebenen Anzahl von Pferdekräften größer machen muß, als es der obigen einfachen Rechnung entspricht. Aus dem Vorhergehenden ist nun auch einleuchtend, daß es von der Vollkommenheit der Construction allein abhängig ist, wie viel von der auf den Kolben wirkenden Dampfkraft von der Schwungradwelle aus noch nutzbar gemacht werden kann, in welchem Zusammenhange also Dampfverbrauch und thatsächliche Leistungsfähigkeit stehen.

Die Bestimmung dieser Größen ist es daher, welche bei der Vergleichung von verschiedenen Concurrenz-Maschinen der empirischen Feststellung anheimfallen. Der Weg, welchen die technischen Commissionen bei den Ausstellungen in England zur Lösung ihrer Aufgabe einschlugen, ist im Wesentlichen folgender:

1. Man stellte die Arbeitsgröße fest, welche in einer gemessenen Zeit von der Maschine und zwar von der Schwungradwelle aus nutzbar gemacht werden kann.
2. Man ermittelte den Verbrauch an Brennmaterial, welche einer Pferdekraft pro Stunde entspricht.
3. Man bestimmte die Menge des Brennmaterials und die Zeit, welche die Maschine zum Anheizen erfordert, um mit Genauigkeit den Brennmaterialbedarf in einem Arbeitstage (zu 10 Stunden gerechnet) angeben zu können.

Die wirkliche von der Maschine vollbrachte Arbeit hat man bei den vorgenommenen Prüfungen durch das sogenannte Bremsdynamometer bestimmt. Das Prinzip dieses sinnreichen Apparates besteht im Wesentlichen darin, daß man der Bewegung der Schwungradwelle einen ganz genau bestimmbaren Reibungswiderstand entgegensetzt. Zugleich notirt ein sogenannter Zählapparat die Anzahl von Umdrehungen, welchen die Welle bei Ueberwindung des Widerstandes vollführt. Die Dimensionen der Bremsvorrichtung lassen ferner eine genaue Berechnung des Weges zu, auf welchem der genannte Widerstand bei einer gewissen Anzahl von Umdrehungen überwunden wird. Nach dieser kurzen Erklärung ist es leicht die Ausführung der Versuche zu übersehen.

Wir deuten in Folgendem den Gang an, den Mr. Amos bei der Ausstellung in Bath im Jahre 1854 befolgte.

Jeder Concurrent gab die Anzahl der Pferdekräfte an, für welche seine Maschine berechnet war, damit man danach die Größe des anzuwendenden Reibungswiderstandes vorausbestimmen konnte. Der Wärter der Maschine erhielt vorläufig 14 Pfund Holz und Spähne nebst 7 Pfund Kohle pro Pferdekraft, mit welchen er die Maschine anheizen konnte. Die Zeit bis zur Erlangung der erforderlichen Dampfspannung wurde notirt, dann das Brennmaterial ausgeräumt und aus dem Gewichtsverlust die Menge des zur Anheizung nöthigen Kohlenbedarfs berechnet. Nach dem Auslassen des gespannten Dampfes wurde die Maschine weiter geheizt und zwar erhielt der Wärter 14 Pfund Kohlen pro Pferdekraft und ein wenig Holz zum nochmaligen Anzünden. Nachdem die Maschine die für sie bestimmte Dampfspannung wieder erreicht hatte, wurde sie in Gang gesetzt und streng darauf gesehen, daß der Wärter die Spannung stets auf möglichst gleicher Höhe erhielt. Die Maschine hatte nun einen ihrer Kraft entsprechenden Widerstand zu überwinden und wurde in dem Betrieb so lange erhalten, als das verabfolgte, genau bestimmte Kohlenquantum hinreichte. Es kam natürlich darauf an, daß die Schwungradwelle möglichst viele Umdrehungen machte, da ja der Widerstand multiplizirt mit dem Wege, auf welchem er überwunden wird, die von der Maschine geleistete Arbeit bestimmt. Hat man so unter Berücksichtigung der Arbeitszeit die wirkliche Leistung neben dem gleichzeitigen Kohlenbedarf ermittelt, so ist es leicht, den Kohlenverbrauch pro Pferdekraft in der Stunde oder für den Arbeitstag von 10 Stunden zu berechnen.

Um alle Concurrenz-Maschinen gleichen Bedingungen zu unterwerfen, wendet man für alle dasselbe Manometer und Kohlen von gleicher Beschaffenheit an. Soll eine hinreichend sichere Vergleichung zwischen einzelnen an verschiedenen Orten ausgeführten Versuchsreihen möglich sein, so ist die letztere Forderung mit möglichster Strenge inne zu halten, oder man muß den Heizeffect des angewandten Brenumaterials genau kennen.

Es ist nun von Interesse die Resultate, zu welchen man bei den Prüfungen auf den einzelnen landwirthschaftlichen Ausstellungen gelangte, zu vergleichen.

Eine derartige Zusammenstellung verspricht nicht nur eine geschichtliche Uebersicht über die allmälige Vervollkommnung der für die Landwirthschaft bestimmten Dampfmaschinen, sondern sie wird auch ein möglichst zuverlässiges Urtheil über die Zweckmäßigkeit der Prüfungsmethode erlauben. In Folgendem geben wir zuerst eine tabellarische Zusammenstellung der Resultate, welche die Königl. Landwirthschafts-Gesellschaft von England bei den verschiedenen Preisbewerbungen vom 1852 bis 1855 sowie im Jahre 1858 feststellte und veröffentlichte:*)

I. Resultate der transportabeln Dampfmaschinen.

Namen der Verfertiger.	Pferdekräfte.	Zeitraum zur Anheizung in Minuten.	Kohlenverbrauch zur Anheizung in ℔	Stündlicher Kohlenverbrauch p. Pferdekraft in ℔	Ankaufspreis der Maschine p. Pferdekraft £.
Im Jahre 1852 zu Lewes**)					
Hornsby	6	50	30,20	4,66	—
Barret u. Exall . . .	6	49	23,5	5,45	—
†Clayton u. Shuttleworth	6	32½	22,75	6,00	—
†Garret	6	32	19,09	7,10	—
†Ransome	6	56	33,16	8,03	—
†Tuxford	4	52	22,10	8,48	—
†Eatan	6	47½	61,5	8,83	—
Cambridge	5	36	19,40	14,30	—
Sparke	5	44	32,16	9,26	—
Heusmann	5	52	19,70	17,90	—
Holmes	6	41	17,5	16,60	—

*) Die beiden ersten Maschinen jeder Abtheilung sind die Preismaschinen (1. und 2. Preis); die mit einem † versehenen sind diejenigen, welche von der Commission lobende Erwähnung erhielten.

**) Journ. of the Roy. agr. society of England v. XIII. p. 321.

Namen der Verfertiger.	Pferdekräfte.	Zeitraum zur Anheizung in Minuten.	Kohlenverbrauch zur Anheizung in ℔		Stündlicher Kohlenverbrauch p. Pferdekraft in ℔	Ankaufspreis der Maschine p. Pferdekraft l.
Im Jahre 1853 zu Gloucester*)						
			Holz	Kohlen		
Clayton u. Shuttleworth	4	47	20	17,75	4,32	43,75
Hornsby	6	42	20	29,46	4,82	35,85
†Ransome	6	49	—	28,54	5,5	40,85
†Barrett	6	41	—	20,60	6,09	33,33
†Tuxford	6	44	—	29,33	6,51	33,33
†Garrett	5	33	—	31,3	6,78	38,0
†Bach	4	40	—	17,32	9,73	38,75
Holmes	4	45	—	25,88	9,61	41,25
Barrell	6	40	—	29,35	10,43	34,17
Batley	6	43	—	17,5	13,53	32,5
Burges u. Key	4	51	—	35,47	19,07	37,5
Im Jahre 1854 in Lincoln)**						
Hornsby	8	40	—	—	4,55	31,875
Ransome	7	51½	—	—	5,1	32,856
†Clayton	6	39	—	—	5,19	36,666
†Garrett	6	48	—	—	5,62	39
†Tuxford	4	33	—	—	6,42	47,5
Holmes	5	39	—	—	8,46	38
Allchin	6	42	—	—	8,55	35,833
Simpson	7	47	—	—	12,28	31,429
Peneston	7	42	—	—	13,28	28
Croskill	6	38	—	—	13,5	36,666
Im Jahre 1855 zu Carlisle*)**						
Tuxford	8	66	24	28	3,698	31,25
Clayton	8	44½	24	18½	4,054	32,5
†Barrett	6	65	18	18½	4,421	35,85
†Hornsby	8	39	24	34½	4,839	32
†Ransome	7	55½	21	26⅔	5,054	32,85
†Garrett	7	44	21	26	5,606	33,60
†Croskill	6	66	18	30	8,080	36,66
Lee	7	43½	21	35	10,000	25,71

*) Journ. of the Roy. agr. society of England v. XIV. p. 348.

**) Dasselbe Journal v. XV. p. 374.

***) Dasselbe Journal v. XVI. p. 509.

Namen der Verfertiger.	Pferdekräfte.	Zeitraum zur Anheizung in Minuten.	Kohlenverbrauch zur Anheizung in ℔		Stündlicher Kohlenverbrauch p. Pferdekraft in ℔	Ankaufspreis der Maschine p. Pferdekraft l.
Im Jahre 1858 zu Chester*)						
Tuxford	8	60	—	—	3,914	30,62
Clayton	8	41,5	—	—	4,611	29,37
†Hornsby	8	46	—	—	5,255	28,12
†Brown u. May . . .	8	45	—	—	5,269	28,75
†Ransome	8	42	—	—	5,426	29,37
Haywood	7	63	—	—	7,063	30,71
Fowler	7	48	—	—	8,04	25,71
Foster	7	55	—	—	8,88	30,0
W. Clay	7	48	—	—	9,56	31,43
Oliver Maggs . . .	8	43	—	—	9,615	25,0
W. Buttlin	8	64	—	—	11,245	26,25

II. Resultate der stehenden Dampfmaschinen.

Namen der Verfertiger.	Pferdekraft.	Preis pro Pferdekraft. l.	Stündlicher Kohlenverbrauch pro Pfdekraft i. ℔
Im Jahre 1853 in Gloucester)**			
Clayton und Shuttleworth	6	27,5	6,46
Barrett	6	29,17	6,01
†Tuxford	6	26,66	7,93
Dray	6	25,0	8,14
Ransome	8	26,25	8,22
Hornsby	8	25,0	8,7
Im Jahre 1854 in Lincoln*)**			
Ransome	6	24,375	6,15
Dray	6	27,5	7,84
†Clayton und Shuttleworth	6	29,166	8,94
Tuxford	6	29,166	9,13
Turner	4	30,0	10,25
Garrett	8	26,25	12,74

*) Dasselbe Journal v. XIX. p. 316. In den Jahren 1856 und 1857 fanden auf den Ausstellungen zu Chelmsford und Salisbury nur Versuche mit der Dampf-Boden-Cultur statt.

**) Dasselbe Journal v. XIV. p. 348.

***) Dasselbe Journal v. XV. p. 374.

Namen der Verfertiger.	Pferdekraft.	Preis pro Pferdekraft l.	Stündlicher Kohlenverbrauch pro Pfdekraft i. ℔
Im Jahre 1855 in Carlisle*)			
Ransome	8	24,37	6,150
Barrett	8	25,0	6,987
†Clayton und Shuttleworth	8	26,88	6,753
†Turford	6	29,17	7,927
Dray	8	30,0	9,608
Smith	8	16,62	11,834
Johnson	4	27,5	16,203
Im Jahre 1858 in Chester.			
Barrett	10	23,0	4,67
Hornsby	8	25,62	6,52
Ransome	10	27,5	6,58
Ferrabee	8	33,12	6,65
Clayton und Shuttleworth	8	25,0	7,38
Johnson	10	24,0	7,73
Brown und May	8	23,75	7,77
Oliver Maggs	8	25,0	8,20
William Nash	8	25,0	9,72

Der Vollständigkeit halber folgen hier noch die Resultate, welche sich in den Jahren 1854 und 1855 bei den Ausstellungen zu Bath und Tiverton herausstellten. Die Prüfung geschah von einer Commission, welche die landwirthschaftliche Gesellschaft von Bath erwählt hattte; wir entnehmen die Angaben dem Berichte von Arthur Troyte.**)

*) Dasselbe Journal v. XVI. p. 509.

**) Siehe Journal of the Bath and West of England society, vol. III. p. 30 und vol. IV. p. 61.

Die concurrirenden Maschinen waren nur transportable.

Namen der Verfertiger.	Pferdekräfte.	Zeit bis zur Anheizung in Minuten und Secunden.		Kohlenbedarf bis z. Anheizung ℔	Stündlicher Kohlenbedarf pro Pferdekraft ℔	Kohlenverbrauch incl. Anheizung in 10 Stunden. ℔	Preis d. Maschine pro Pferdekraft £
				Im Jahre 1854 in Bath.			
Hornsby .	4	54 M	40 S	22,30	7,155	308,50	45,0
Clayton .	4	53	3	15,20	7,280	306,70	45,0
†Tuxford .	4	79	—	27,25	9,572	410,15	46,25
†Barrett .	4	51	43	14,80	8,282	346,10	42,5
Batley . .	4	48	41	20,23	9,082	383,53	40,0
Cambridge	4	53	10	28,00	12,452	526,10	42,5
				Im Jahre 1855 in Tiverton.			
Hornsby .	6	59 M.	25 S	30,0	5,36	351,60	36,66
Tuxford .	4	95	45	17,52	6,28	269,12	45,0
†Barret .	4	63	50	16,42	6,64	282,02	41,25
Cambridge	6	69	35	22,86	8,41	527,46	33,33
Brown .	6	56	52	26,17	12,54	778,57	34,17

Die beiden in jeder Columne zuerst aufgeführten Maschinen erhielten die Preise, die mit einem † bezeichneten wurden lobend erwähnt.

Wie sich aus dem Obigen ergiebt, sind es wenige Fabriken, welche sich fast durchgängig bei den Preisbewerbungen hervorgethan haben. Für die transportable Dampfmaschine sind zu nennen: Hornsby, Clayton und Tuxford; in Bezug auf die stehende Dampfmaschine machen sich Clayton, Ransome und Barrett den Rang streitig.

Die vorangehende Zusammenstellung liefert nun folgende für uns wichtige Resultate:

1. Der stündliche Kohlenbedarf pro Pferdekraft hat sich mit den jährlichen Verbesserungen besonders bei der transportablen Maschine in überraschender Weise vermindert; am besten zeigt dies die erste Tabelle der von der Königl. Landwirthschafts-Gesellschaft von England festgestellten Resultate. Benutzen wir zugleich ältere Angaben über den Kohlenverbrauch der Preismaschinen, so läßt

sich folgende Reihenfolge aufstellen. Die Preismaschine im Jahre:

1849	consumirte	stündlich	pro	Pferdekraft	11,504	Pfund	Kohlen
1850	„	„	„	„	7,56	„	„
1851	„	„	„	„	6,79	„	„
1852	„	„	„	„	4,66	„	„
1853	„	„	„	„	4,32	„	„
1854	„	„	„	„	4,55	„	„
1855	„	„	„	„	3,69	„	„

Die erste Lokomobile, welche im Jahre 1841 auf der landwirthschaftlichen Versammlung zu Liverpool ausgestellt wurde und damals schon die Bewunderung der Landwirthe erregte, muß als höchst unvollkommen gegen die jetzt construirten so wesentlich verbesserten angesehen werden. Es ergiebt die oben angeführte Reihenfolge von preisgekrönten Maschinen, daß in kaum einem halben Jahrzehnt der Brennmaterialbedarf auf weniger als $1/3$ vermindert worden ist.

In den Versuchen zu Bath und Tiverton stellt sich der stündliche Brennmaterialbedarf pro Pferdekraft etwas höher heraus als dies bei den Ausstellungen der Königl. Landwirthschafts-Gesellschaft der Fall war; weil bei den letzteren das nach dem Anheizen auf dem Roste verbleibende Brennmaterial nicht vollständig entfernt wurde. Auch mag die verschiedene Güte der Kohlen Wesentliches zu dem erwähnten Unterschiede beigetragen haben. Die stehenden Dampfmaschinen ergeben ebenfalls eine zwar geringe, aber doch bemerkenswerthe Abnahme des Brennmaterialverbrauchs.

2. Bei dem Vergleiche des Brennmaterialbedarfs der Lokomobilen mit dem der stehenden Maschinen erhalten wir das auffallende Resultat, daß letztere mehr Brennmaterial verbrauchen als erstere. Wir dürfen jedoch auf dieses Ergebniß keinen zu hohen Werth legen; denn es soll nach einzelnen darüber laut gewordenen Stimmen von den Fabrikanten grade auf die möglichste Kohlenersparniß der zur Concurrenz gebrachten Lokomobilen eine ganz besondere Sorgfalt verwendet werden und keineswegs bei gewöhnlichen verkäuflichen Maschinen sich ein gleich günstiges Resultat ergeben. Sodann aber ist dabei nicht zu übersehen, daß bei den ausgestellten feststehenden Maschinen von einer sorgfältigen Kesselmauerung nicht die Rede sein konnte, wovon aber, wie wir früher

sahen, gerade der geringe Kohlenbedarf hauptsächlich abhängt. Wir können daher für die stehende Maschine wenigstens die Möglichkeit einer gleich großen, wenn nicht höheren Ersparniß annehmen.

3. Was die Anschaffungskosten der Lokomobilen betrifft, so ergeben die oben mitgetheilten Preisangaben eine bemerkenswerthe Ermäßigung. Der Durchschnittspreis pro Pferdekraft betrug nämlich im Jahre 1853, 33,23 *l.* im Jahre 1855, 32,55 *l.* und 1858 nur 28,66 *l.* Geringer ist die Preis-Ermäßigung für die stehende Dampfmaschine, indem im Jahre 1853 der Durchschnittspreis pro Pferdekraft 26,59, im Jahre 1855, 25,65 und 1858, 25,77 *l.* war. Es ist hierbei jedoch nicht zu übersehen, daß bei den späteren Ausstellungen hauptsächlich Maschinen von 6 bis 8 Pferdekraft, in den frühern Jahren dagegen vorwaltend solche von 4 bis 6 Pferdekraft der Prüfung unterworfen wurden. Dieser Umstand nimmt an der Preisermäßigung ohne Zweifel einen wesentlichen Antheil.

Der verhältnißmäßig bedeutend geringere Preis der stehenden Maschinen ist in der einfacheren Construction begründet. Bei der Berechnung der gesammten Anlage kommen jedoch hierbei noch die Kosten für den Bau des Maschinenhauses und der Aufstellung in Betracht, so daß ein wesentlicher Unterschied zwischen den Gesammtkosten der stehenden und transportablen Dampfmaschinen sich nicht herausstellen wird.

4. Im Anschluß an die oben mitgetheilten Prüfungsresultate wenden wir uns zu der Frage: Welche Gültigkeit und welchen practischen Werth haben die von den englischen landwirthschaftlichen Vereinen veranlaßten Prüfungen der Dampfmaschinen für den ausübenden Landwirth?

Ueberblickt man der Reihe nach die oben aufgeführten Zahlenangaben, so beweisen dieselben, daß man sich bei der Zuerkennung der Preise fast ausschließlich von der möglichst vollkommenen Ausnutzung des Brennmaterials hat leiten lassen. Namentlich bei den Preisvertheilungen durch die Königl. Landwirthschafts-Gesellschaft ist die gekrönte Maschine immer diejenige, welche pro Pferdekraft das kleinste Kohlenquantum fordert. Dieser Maaßstab ist als ein einseitiger zu bezeichnen. Man hat dadurch allerdings hinsichtlich der Brennmaterial-Ersparniß Verbesserungen hervorgerufen, welche bei dem jetzigen Stande der Technik schwerlich etwas zu wünschen übrig lassen, wohingegen die vollkommenere Erfüllung der übrigen Anforderungen einer gleichen Anregung entbehrte. Diese Einseitigkeit ist selbst von englischen Ingenieuren vielfach gerügt worden. Die Prüfungs-Commission zu Bath im Jahre 1854 ließ daher bei ihrer Beurtheilung auch den übrigen Momenten eine aufmerksamere Berücksichtigung widerfahren. Die Hornsby'sche Maschine wurde bei der genannten Ausstellung der Clayton'schen vorgezogen, wiewohl sie etwas mehr Kohlen verbrauchte. Letztere war nicht so einfach und dauerhaft in der Construction und weniger stetig in der Bewegung. Aus ähnlichen Rücksichten gab man der Tuxford'schen Maschine den Vorzug vor der Barret'schen, obgleich diese eine größere Brennmaterialersparniß zeigte. Dadurch nun, daß nicht alle Ansprüche an die Dampfmaschinen eine gleiche Berücksichtigung erhielten, verlieren die Urtheile der Prüfungs-Commissionen, besonders bei den früheren Ausstellungen, einen großen Theil von ihrem Werthe. Es wird dies namentlich in den Augen aller derjenigen Landwirthe der Fall sein, von welchen das Brennmaterial verhältnißmäßig billig beschafft werden kann.

Ein zweiter Vorwurf, welcher das bei der Preisvertheilung eingeschlagene Verfahren mit demselben Rechte trifft, ist der, daß dem Käufer, selbst wenn er seine Maschine aus den Händen eines preisgekrönten Fabrikanten bezieht, dennoch keine hinreichende Sicherheit geboten wird. Der Fabrikant verwendet gar leicht alle erdenkliche Sorgfalt auf die Construction und Ausführung seiner Preismaschine, während ihn Nichts bewegt, auch an den verkäuflichen Maschinen alle anerkannten Verbesserungen auszuführen. Dieser Uebelstand ist von Scott Burns und andern tüchtigen englischen Ingenieuren hervorgehoben worden. Es muß freilich zugegeben werden, daß alle Maßregeln, die man zur Vermeidung desselben ergreifen könnte, mit kaum zu überwindenden practischen Schwierigkeiten verbunden sein dürften.

Aus dieser Betrachtung über die bisher befolgten Prüfungsmethoden möchte sich hinsichtlich ihres practischen Werthes Folgendes ergeben:

1. daß die über die concurrirenden Maschinen ausgesprochenen Ur-

theile bisher noch keineswegs als absolut maßgebend betrachtet werden dürfen und

2. daß selbst abgesehen davon der practische Nutzen, welcher dem landwirthschaftlichen Publikum aus diesen Prüfungen erwachsen soll, noch nicht vollständig gesichert ist.

Diese Schwierigkeiten, deren Lösung der Zukunft vorbehalten ist, können uns jedoch nicht hindern, den Bemühungen der englischen landwirthschaftlichen Gesellschaften die vollste Anerkennung zu zollen. Es bleibt denselben das unbestrittene Verdienst, wesentliche Verbesserungen angeregt und der Anwendung der Dampfkraft in der Landwirthschaft allgemeinern Eingang und Verbreitung gesichert zu haben.

Feuersgefahr. Sicherheits-Vorkehrungen. Die englischen Feuer-Assecuranz-Gesellschaften.

Für die Beurtheilung der Anwendbarkeit der Dampfkraft in der Landwirthschaft ist die mit dem Betriebe der Dampfmaschinen verbundene Feuersgefahr von erheblicher Bedeutung. Es kann diese nur bei den Lokomobilen zur Frage kommen, da die stehenden Dampfmaschinen, wie oben nachgewiesen, mit ihren hohen Schornsteinen und bei ihrer Aufstellung in einem abgesonderten und feuersicheren Raume zu einer besonderen Feuersgefahr keine Veranlassung geben.

Der Gebrauch der Lokomobilen in den leicht gebauten englischen Wirthschaftshöfen hat für den deutschen Besucher, der von Jugend auf an die größtmögliche Vorsicht bei allen feuergefährlichen Dingen gewöhnt ist, in der That etwas Beängstigendes. Bald sieht man die Maschine in dem unmittelbar an die Wirthschaftsgebäude anstoßenden Feimenhofe, inmitten der Getreidefeimen arbeiten, bald ist sie in dem eigentlichen Gehöft unmittelbar vor den Gebäuden oder selbst in denselben zum Schneiden des Strohs und Wurzelwerkes oder für andere Arbeiten im Betrieb, ohne daß man irgend welche Vorkehrungen zum Schutze gegen Feuersgefahr wahrnimmt. Die Aengstlichkeit wird jedoch bald gemildert, wenn man die Construction der Lokomobile und die früher geschilderten, zum Schutze gegen Feuersgefahr angebrachten Einrichtungen derselben näher kennen gelernt hat. Dennoch wurde mir die letzte Spur der Besorgniß erst dann genommen, als man auf meinen Wunsch einen vollkommen trockenen Strohwisch unmittelbar über den Schornstein befestigte. Denn obgleich derselbe an dieser Stelle mehrere Stunden verblieb, trat trotz der stärksten Feuerung und bei einem heftigen Luftzuge nicht einmal ein Verkohlen, geschweige denn ein Entzünden desselben ein. Die Ausrüstung des Schornsteins mit den oben beschriebenen doppelten Funkenfängern hat sich als ein zuverlässiges Schutzmittel bewährt und ebenso bietet der geschlossene, unmittelbar unter dem Feuerroste angebrachte, womöglich Wasser enthaltende Aschenkasten hinreichende Sicherheit gegen Feuersgefahr.

Bei der Anheizung der Lokomobilen werden keine besonderen Vorsichtsmaaßregeln getroffen. Die Maschine wird erst, nachdem sie an dem Ort der Arbeitsleistung aufgestellt ist, angeheizt, also im Feimenhofe beim Getreide-Ausdrusch oder in dem eigentlichen Wirthschaftsgehöfte bei den andern Arbeiten. Ebenso bleibt die Lokomobile nach Beendigung der täglichen Arbeit auf dem Platze stehn, wo sie im Betrieb war, und das Löschen der noch brennenden Kohlen geschieht in Folge der Absperrung des Luftzuges durch Schließen der Klappen am Aschenkasten wie im Rauchfange. Die in dem Aschenkasten befindliche Asche wird gewöhnlich erst bei der Wiederbenutzung der Maschine entfernt. Außer vom Schornsteine und vom Aschenkasten aus könnte nur noch eine Feuersgefahr beim Nachlegen der Kohlen und beim Schüren des Feuers, wobei die Heizthüre geöffnet wird, zu befürchten sein. In Folge des bedeutenden Luftzuges in das Innere der Maschine findet beim Oeffnen der Thüre niemals ein Herausschlagen der Flamme, ja selbst nicht einzelner Funken statt. Dazu kommt, daß der Feuerheerd in der Maschine, wie oben erwähnt, so tief gelegt ist, daß die glühenden Kohlen selbst nach frischer Aufschüttung mindestens einen halben Fuß sich unter dem Rande der Thüre befinden. Ein Herausfallen brennender Kohlenstücke beim Oeffnen der Heizthüre und beim Schüren des Feuers ist daher nicht zu besorgen. Allein gefahrbringend könnten nur die bei der Heizung sich bildenden Schlacken sein, deren Entfernung, weil sie den Feuerrost leicht verstopfen, nothwendig wird. Befinden sich in der Nähe leicht brennbare Stoffe, so wäre ein Entzünden derselben beim Herausnehmen der glühenden Schlacken zu befürchten. Man trifft jedoch stets die Sicherheits-Verkehrung, das dieselben sofort in ein unmittelbar neben der Lokomobile aufgestelltes, mit Wasser gefülltes Gefäß geschüttet werden.

Endlich hat auf die Feuersgefahr die Art des verwendeten Brennmaterials Einfluß, indem einzelne Brennstoffe zur Erzeugung von zahlreicheren und größeren Funken Veranlassung geben, als andere. Es gelten in dieser Hinsicht die Steinkohlen als das günstigste Brennmaterial; diese geben viel weniger, kleinere und leichter verlöschende Funken, als namentlich das Holz.

Für den Betrieb der Lokomobilen in den englischen Wirthschaften werden durchgängig Kohlen benutzt und nur zum Anheizen der Maschine ist eine kleine Menge Holz*) erforderlich.

Die Einführung der Dampfmaschinen auf den Wirthschaftshöfen Großbritanniens ist weder von der Genehmigung einer staatlichen Behörde abhängig, noch wird dieselbe irgendwie durch gesetzliche Bestimmungen gehemmt. Ebenso kann der englische Landwirth die Bedienung und Führung der Dampfmaschine irgend einem seiner Arbeiter übertragen, ohne daß dieser eine Prüfung vor einer hierzu berufenen Behörde abzulegen hat. Ich hebe hier diesen letzteren, bereits bei einer anderen Gelegenheit erwähnten Punkt besonders hervor, um das Verfahren der englischen Feuerversicherungs-Gesellschaften, den mit Dampfmaschinen versehenen Gütern gegenüber, ins rechte Licht zu stellen.

Bei meinen Untersuchungen habe ich mich über die Feuergefährlichkeit landwirthschaftlicher Dampfmaschinen und über die dadurch wirklich verursachten Feuersbrünste möglichst zu unterrichten gesucht und auf den vielen von mir besuchten Gütern stets hierauf bezügliche Fragen an den Besitzer oder Pächter gerichtet. Die gewöhnliche Antwort lautete dahin, daß ein derartiger Unglücksfall

*) Nach dem Urtheile einzelner englischer Ingenieure wird selbst die ausschließliche Holzfeuerung bei den mit doppelten Funkenfängern versehenen Maschinen eine wirkliche Gefahr der Entzündung nicht zur Folge haben.

auf dem Gute nicht vorgekommen sei und daß man sich eines solchen in der Gegend auch nicht erinnere. Ebenso übereinstimmend wurde meine weitere Frage, ob auf Gütern, in welchen die Lokomobile im Gebrauch sei, irgend welche Schwierigkeiten hinsichtlich der Versicherungen von Seiten der Assecuranz-Gesellschaften erhoben würden, überall verneint.

Um über diesen höchst wichtigen Punkt die vollste Gewißheit zu erlangen, ersuchte ich im Herbst 1857 mehrere der bedeutendsten englischen Feuer-Assecuranz-Gesellschaften um die Mittheilung der desfallsigen, von ihnen gestellten Bedingungen. Die von denselben gegebene gleichlautende Antwort ging dahin, daß man behufs Annahme der Versicherungen nur verlange, daß 1. von jeder im landw. Gebrauch befindlichen Dampfmaschine Anzeige gemacht und daß 2. dieselbe nicht mit Holz geheizt werde. Die Uebernahme weiterer Verpflichtungen oder ein erhöhter Prämiensatz werde nicht gefordert.

Von irgendwie verschärften Bedingungen hatte ich auch bei meinem letzten Aufenthalte in England (im Herbst 1858) nichts vernommen. Da mir aber im Laufe des vorigen Jahres von verschiedenen Seiten die Behauptung entgegengetreten war, daß die englischen Feuerversicherungs-Gesellschaften inzwischen von ihrer liberalen Praxis abgewichen seien, so hielt ich mich bei der großen Wichtigkeit dieser Frage für verpflichtet, die neuesten Nachrichten hierüber aus authentischer Quelle einzuziehen. Im Folgenden gebe ich die Uebersetzung der mir durch die gütige Vermittelung meines Freundes des Herrn Dr. Georg von Bunsen gewordenen Mittheilungen. Die an mehrere der bedeutendsten englischen Versicherungs-Gesellschaften gerichteten Fragen lauteten:

„1. Wird in England der Einführung transportabler Dampfmaschinen auf Gutswirthschaften Seitens der Feuer-Versicherungs-Gesellschaften irgend ein Hinderniß in den Weg gelegt?

2. Tritt eine Erhöhung der Versicherungs-Sätze für diejenigen ein, welche Lokomobilen im Gebrauch haben? Im Bejahungsfalle, zu welchem Betrage?

3. Haben seit der Einführung transportabler Dampfmaschinen für landwirthschaftliche Zwecke und in Folge derselben, die Feuersbrünste auf dem Lande zugenommen?

4. Giebt es in England irgend ein Gesetz, auf welches man sich stützen könnte, um gegen die Einführung solcher Maschinen einen Widerstand zu erheben, oder irgendwie ihren Gebrauch einzuschränken?

5. Kann der Landwirth jeden beliebigen Arbeiter als Maschinisten verwenden?" *)

Die Antworten der betreffenden Gesellschaften sind folgende:

1. Von der „Sun-Fire-Office", Threadneedle Street, London, d. d. 13. December 1859.

Auf Frage 1 u. 2. Die Directoren dieser Gesellschaft erhöhen die Sätze nicht, wo transportable Dampfdreschmaschinen zur Verwendung kommen.

Auf die 3. Frage bemerken wir, daß die Zahl der Feuersbrünste auf dem Lande, sowohl was Gebäude, als sonstiges Inventar betrifft, zugenommen hat. Es sind dabei drei verschiedene Ursachen im Spiel: Brandstiftung, Streichzündhölzer und der unvorsichtige Gebrauch von Dampfdreschmaschinen.

Auf Frage 4. u. 5. Uns ist kein Gesetz bekannt, welches den Gebrauch solcher Maschinen, oder die Freiheit in der Wahl des Maschinisten einschränkte.

II. Von der „Hand in Hand Fire and Life Office" Nr. 1 New Bridge Street, Blackfriars, London d. d. 10. December 1859.

Auf Frage 1. Es wird dem Landwirthe keinerlei Hinderniß in den Weg gelegt.

Auf Frage 2. Vom Jahre 1850 bis 1859 wurde ein Prämiensatz von 4 s. (1⅓ Thlr.) bezahlt, wo Dampfmaschinen nicht im Gebrauch waren, im entgegengesetzten Falle 5 s. (1⅔ Thlr.). Im Jahre 1859 ist ein allgemeiner Satz von 5 s. (1⅔ Thlr.) eingeführt worden.

Auf Frage 3. Allerdings haben die Feuersbrünste an Zahl zugenommen. Der Gebrauch der Lokomobilen ist eine der vielen Veranlassungen dieser Zunahme gewesen.

Auf Frage 4. Eine die Einführung der Dampfmaschine irgend beschränkende gesetzliche Bestimmung ist nicht bekannt.

*) In mehreren Staaten des Festlandes ist es nämlich immer noch verboten als Maschinisten Arbeiter anzustellen, welche nicht vor einer besonders dazu berufenen Behörde eine Prüfung abgelegt haben.

Auf Frage 5. Ja. Es ist uns von dem Vorhandensein irgend einer Behörde in England, welche den Maschinisten Concessionen ertheilen könnte, nichts bekannt. Bei Untersuchungen, welche in Folge von Eisenbahn-Unfällen stattfanden, haben wir allerdings gehört, daß man Ingenieure als Sachverständige über die Fähigkeit des Maschinisten befragt hat, aber es ist uns nie vorgekommen, daß etwa das „Institut der Civil-Ingenieure" Concessionen, Fähigkeitszeugnisse u. dgl. ertheilt hätte.

III. Von der „London-Assurance-Corporation" Nr. 7. Royal Exchange, London d. d. 16. December 1859.

Auf Frage 1. Nein.

Auf Frage 2. Nein. Die gegenwärtigen Versicherungssätze gestatten den Gebrauch einer Dampfdreschmaschine ohne erhöhte Prämie.

Auf Frage 3. Hierüber fehlen alle Nachrichten, es ist aber wahrscheinlich, daß Feuersbrünste durch den Gebrauch von Dampfdreschmaschinen veranlaßt sein mögen.

Auf Frage 4. Nichts derartiges bekannt.

Auf Frage 5. Die Landwirthe können zur Bedienung der Dampfmaschine anstellen, wen sie wollen.

IV. Von der „Unity-Fire-Insurance-Association" Cannon Str. City, London, d. d. 15. December 1859.

Auf Frage 1. u. 2 ist zu erwiedern, daß die Versicherungs-Gesellschaften der Einführung transportabler Dampfmaschinen auf Gutswirthschaften keinerlei Hindernisse oder Widerstand in den Weg legen und da ihr Gebrauch gegenwärtig beinahe ein allgemeiner genannt werden kann, so gestattet der jetzt geforderte Versicherungs-Satz für landwirthschaftliche Objecte die Verwendung von Dampfmaschinen; wo keine solche Maschinen im Gebrauch sind, findet eine Ermäßigung dieses Satzes nicht statt.

Hinsichtlich der 3. Frage unterliegt es keinem Zweifel, daß durch den Gebrauch dieser Maschinen Feuersbrünste veranlaßt werden, wir glauben aber nicht, daß sie in irgend erheblicher Weise aus jener Veranlassung allein zugenommen haben.

Auf die Frage 4 u. 5. Es ist uns nichts bekannt von dem Vorhandensein eines Gesetzes, welches ihren Gebrauch verböte, oder die Zahl der zu verwendenden Maschinen einschränkte.

Nachschrift des Secretairs. Meine persönliche, auf eigene

Kenntniß landwirthschaftlicher Zustände gegründete Meinung geht dahin, daß die Gefahr weniger in den Maschinen, als in dem liederlichen und nachlässigen Gebrauch derselben ihren Grund hat.

V. Von der „Royal-Exchange-Assurance“ d. d. 14. December 1859.

Diese Gesellschaft erhöht die Sätze bei dem Gebrauche von Dampfdreschmaschinen nicht; auch enthält unsere Police keine hinsichtlich der Wahl des Maschinenwärters beschränkende Klausel.

Aus den vorstehenden authentischen Angaben von fünf der angesehensten Feuer-Versicherungs-Gesellschaften folgt:

1. Daß jene Gesellschaften den Landwirthen bei Einführung und dem Gebrauche der transportablen Dampfmaschinen weder in irgend einer Weise hindernde Bedingungen auferlegen noch eine Erhöhung der Versicherungssätze haben eintreten lassen. Die in Deutschland hin und wieder verbreitete Meinung über verschärfte und erschwerte Versicherungsbedingungen beruht hiernach auf unbegründeten Gerüchten.

2. Hinsichtlich der Zunahme der Feuersbrünste in Folge der Einführung der Lokomobilen wird zunächst im Allgemeinen der Vermehrung der Feuerbrände auf dem Lande gedacht und als eine ihrer Ursachen die Benutzung der transportablen Dampfmaschinen angegeben. Keine der Gesellschaften findet jedoch trotz der großen Verbreitung der Lokomobilen in der Verwendung derselben den hauptsächlichen Grund der vermehrten Feuerschäden; vielmehr wird die Zunahme von einer der Gesellschaften nur als wahrscheinlich von einer andern als nicht erheblich geschildert. Zieht man in Betracht, daß, falls irgend häufige Unglücksfälle der Art vorkämen, die Assecuranz-Societäten bei einer Anfrage wie die vorliegende, dies gewiß besonders hervorheben würden, so scheint der wahre Sachverhalt mit meinen obigen, aus dem Munde der Farmer erhaltenen Angaben einer verhältnißmäßig geringen Feuersgefahr übereinzustimmen.

3. Hinsichtlich etwaiger gesetzlicher Bestimmungen in Betreff der Einführung von Dampfmaschinen sowie besonderer Anforderungen an den Maschinisten wird durch sämmtliche Versicherungs-Gesellschaften von Neuem bestätigt, daß der Staat beim Gebrauch der Dampfmaschinen sowohl, wie hinsichtlich der Wahl des Maschinisten den Landwirthen die vollste Freiheit läßt.

Verdient die feststehende oder transportable Dampfmaschine den Vorzug?

Die hohe Bedeutung dieser Frage leuchtet selbst beim flüchtigsten Blicke ein. Kein Wunder daher, daß wir diesen Gegenstand manches Jahr hindurch in erster Linie auf den Programmen aller, der kleinern wie größern landwirthschaftlichen Versammlungen finden. Es bildete dieser Gegenstand gleichsam die Tagesfrage auf dem Gebiete des landwirthschaftlichen Fortschritts, und manche heftige Debatten wurden ihrethalben geführt. Eine Einigung der darüber geäußerten schroff gegenüberstehenden Ansichten war nicht so leicht zu erzielen, da hierbei so mannigfache Momente allgemeiner und lokaler Natur mitwirken. Nach jahrelangen Kämpfen hat sich der Sturm etwas gelegt, und die Frage selbst ist mehr und mehr geklärt, wenn auch manches widersprechende Urtheil hierüber selbst noch jetzt laut wird.

Zur gründlichen Prüfung dieser wichtigen Frage erscheint es am zweckmäßigsten zunächst einzelne Stimmen bekannter Autoritäten sowohl aus dem Kreise der praktischen Landwirthe wie der Techniker zu vernehmen und dann vorurtheilsfrei selbst an die Prüfung der Frage zu gehen.

Bereits oben bei der Beschreibung der Wirthschaften wurden einzelne Meinungen über diese Frage erwähnt. Zur Ergänzung des dort Gesagten möge hier noch das Urtheil einzelner bekannter practischer Landwirthe folgen.

Mr. Pusey*) der frühere Präsident der K. Landwirthschafts-Gesellschaft von England äußert sich über die Lokomobile folgendermaßen:

1. dieselbe verdiene den Vorzug vor der feststehenden Dampfmaschine, wenn auf einer Farm von größerer Ausdehnung die Felder eine ungünstige, theilweise sehr entfernte Lage zum Hofe ha-

*) Siehe **Journ. of the royal agric. society of England vol. XII pag. 621.**

Zur Verminderung der Kosten der Einerntung des Getreides und der Ausfuhr des Düngers pflege man in solchen Fällen ein Vorwerk oder wenigstens einen Viehhof anzulegen, wobei die Lokomobile zum Ausdrusch der dort aufgesetzten Getreidefeimen von großem Vortheile sei.

2. Bei einer kleinen Farm werde die Rentabilität derselben durch die Belastung mit der bedeutenden Kapitalanlage einer stehenden Dampfmaschine, die nur kürzere Zeit im Jahre vollauf beschäftigt werden könne, beträchtlich geschmälert. In einem solchen Falle biete nun wieder die Lokomobile, welche der kleine Farmer an seine Nachbarn in der unbeschäftigten Zeit mit Vortheil vermiethen könne, den besten Ausweg.

3. Die Lokomobilen gewähren die Möglichkeit des schnellsten Ausdrusches des Getreides im Freien, während bei einer feststehenden Maschine sämmtliche Frucht aus den Feimen zunächst unter Dach und Fach gebracht werden müsse. Der Einwand, daß man sich hierbei im Vergleich zum andern Verfahren in ungünstigerer Lage befinde, indem man beim Ausdrusch im Freien beständig durch die Witterung gestört werde, sei nicht haltbar. Denn er frage: Könne man das im Freien aufbewahrte Getreide beim nassen Wetter zur Scheune bringen? So schnell nun aber überhaupt das Getreide einzufahren sei, in derselben Zeit werde durch die Dampfdreschmaschine der Ausdrusch bewirkt. Das Dreschen im Freien sei aber gesunder für die Arbeiter, als im Staube der Scheune. Wenn ferner bei länger fortgesetztem Ausdrusch das Stroh nicht in den Wirthschaftsgebäuden unterzubringen, sondern erst wieder außerhalb des Gehöftes aufzusetzen sei, so trete beim Dreschen im Freien eine nicht unerhebliche Arbeitsersparniß ein.

Mr. Blyth*) ein Norfolker Farmer hält die relativen Vortheile der stehenden oder transportablen Dampfmaschine ausschließlich von den lokalen Verhältnissen abhängig. Seine Ansichten sind folgende: Wenn die Farm nicht ausgedehnt ist und die Wirthschaftsgebäude nahe beieinander liegen und eine günstige innere Einrichtung haben, mag eine stehende Dampfmaschine am rechten Platze sein. In den entgegengesetzten Fällen, namentlich wenn die Besitzung mehrere

*) Siehe Farmers Magazine vol. V. p. 119.

Wirthschaftshöfe hat, verdiene die Lokomobile unbedingt den Vorzug. Er selbst habe in den letzten zwei Jahren die Dampf-Dreschmaschine angewendet und zwar höchstens 2—3 Tage für die in dem beschränkten Scheunenraum aufbewahrte Frucht; alles übrige Getreide sei direkt von den Feimen gedroschen, wobei er sich sehr gut gestanden habe. Um früh des Morgens den Ausdrusch zu beginnen, bringe er schon des Abends vorher die Maschine an die auszudreschenden Getreidemieten. So sei es ihm gelungen das Getreide in derselben Zeit zu dreschen, die sonst erforderlich gewesen wäre, dasselbe zum Ausdrusch in die Scheune zu bringen. Es werden dabei so viele Pferde beschäftigt, als nöthig sind, das ausgedroschene Stroh und Kaff nach den Viehhöfen, Strohschuppen ꝛc. sowie die Körner nach dem Schüttboden zu schaffen. Des Körner-Transports wegen sei hierzu nur ein Pferd mehr erforderlich, als wenn das ungedroschene Getreide aus den Feimen nach der Scheune gebracht würde. Die hierdurch erzielte Ersparniß bestehe demnach in den Kosten der Anfuhr der Getreidefeimen nach der Scheune, von wo aus eine Weitervertheilung des gedroschenen Strohs doch stattfinden müsse. Von den Gesammtkosten seien nur die Ausgaben für 1 Pferd und 1—2 Männer, welche mit dem Fortschaffen des gedroschenen Korns beschäftigt werden, ausgeschlossen. Mr. Blyth hebt schließlich den großen Vortheil, der ihm schon hieraus allein durch die Benutzung der Lokomobile erwachse, hervor und empfiehlt unter den von ihm angegebenen Verhältnissen die Einführung derselben aufs dringendste.

Mr. Bennett*) zu Woburn spricht sich in seinem Berichte über den Wirthschaftsbetrieb Bedfordshire's hinsichtlich der vorliegenden Frage dahin aus, daß trotz der wesentlichen Verbesserungen in der Construction der Lokomobilen die stehende Dampfmaschine für alle Güter von mittlerer Größe mit einem Wirthschaftshofe vorzuziehen sei. Es gehöre dazu, daß die Dampfkraft in einem passenden Gebäude zum Betriebe der Dreschmaschine, der Schrot- und Mahlmühle, des Häckſel- und Wurzelschneiders benutzt werde. Unter andern Verhältnissen kann nach seiner Ansicht auch die

---

*) Siehe Journal of the royal agric. Society of England vol. XVIII. p. 23.

Lokomobile vortheilhaft sein. Daß aber ein besonderer Vortheil dadadurch geboten werde, den Ausdrusch des Getreides durch die Lokomobile direct von den Feimen aus zu bewirken, giebt Mr. Bennet keineswegs zu. Er sagt darüber: früher war es in Bedfordshire allgemeiner Gebrauch, das Getreide behufs des Ausdrusches in die Scheune zu fahren, jedoch hat in neuerer Zeit das Norfolker-Verfahren des Ausdrusches im Freien hier und da Eingang gefunden.

Die Nachtheile desselben seien jedoch überwiegend, weil hierbei der Ausdrusch nicht sorgsam genug geschehe, viel Kaff zu Grunde gehe und außerdem das Stroh schließlich dennoch nach dem Hofe gefahren werden müsse. Es ist dies eine Ansicht, die wir auch vielfach bei den schottischen Farmern verbreitet finden.

Da bereits bei der Beschreibung der Güter mehrfach die Motive für die Wahl der eingeführten transportabeln oder stehenden Dampfmaschine angegeben wurden, so können wir Abstand nehmen, noch weitere Ansichten von practischen Landwirthen hier mitzutheilen, und lassen gleich einzelne Urtheile erfahrener Techniker folgen.

Mr. Ransome*) sagt über die relativen Vortheile der stehenden und transportabeln Dampfmaschine Folgendes: die stehende Dampfmaschine hat den Vorzug einer geringeren Auslage für die erste Anschaffung, größerer Dauerhaftigkeit, geringerer Gefahr der Arbeits-Unterbrechung wegen Reparatur, minderer jährlicher Abnutzung, sowie geringerer Anforderungen an die Geschicklichkeit und Aufmerksamkeit des Wärters. Wo die Einrichtungen des Wirthschaftshofes der Art sind, daß wo möglich in einem Gebäude das Dreschen des Getreides, das Schroten und Mahlen des Korns, das Schneiden des Heus und des Häcksels, das Dämpfen des Viehfutters, das Sägen des Holzes u. s. w. vorgenommen werden könne, da sei ohne Frage die stehende Dampfmaschine bei Weitem vorzuziehen.

Auf der andern Seite hebt Mr. Ransome zu Gunsten der Lokomobile hervor, daß durch diese auf größeren Gütern, wo mit Vortheil ein Theil der geernteten Früchte auf dem Felde selbst in

---

*) Siehe Farmer's Magazine vol. IV. p. 10.

Feimen gesetzt werde, der Ausdrusch derselben dort direct bewirkt werden könne.

Man erspare hierbei wesentlich an Zeit und Arbeit, indem das nach dem Ausdrusch wieder in Haufen gesetzte Stroh sich nach Erforderniß zu passenden Zeiten auf den Hof bringen lasse. Da die Dampfmaschine gewiß nur in seltenen Fällen eine gleichmäßige volle Beschäftigung durch das ganze Jahr habe, so biete die Lokomobile den weitern Vortheil, daß sie von mehreren Farmern zum Ausdrusch des Getreides zu benutzen sei. Die Einrichtungen zum Transport der Maschine und ihrer schnellen Aufstellung seien so wesentlich verbessert, daß hierin kein Hinderniß einer allgemeinen Benutzung gefunden werden könne. Endlich aber stelle sich bei der äußerst vervollkommneten Construction der Kohlenverbrauch derselben etwas geringer, als bei der stehenden Dampfmaschine, was immerhin für Gegenden, wo die Kohlen einen hohen Preis haben, von Bedeutung sei.

Nach Mr. Morshead's*) Urtheil liegen die Hauptvorzüge der stehenden Dampfmaschine im Vergleich zur Lokomobile einmal in den mindern Abnutzungs- und Unterhaltungskosten und sodann in dem geringeren Kohlenverbrauche. Dabei seien Kohlen schlechter Qualität zur Heizung der stehenden Dampfmaschine gut zu verwenden und ebenso lasse sich bei derselben der verbrauchte Dampf für manche nützliche Zwecke, als Dämpfen des Futters, Erwärmung der Gebäude 2c. mit Vortheil verwerthen, während derselbe bei den Lokomobilen zur Vermehrung des Zuges in den kurzen Schornsteinen nöthig sei. Die Abnutzung und Unterhaltung der transportabeln Maschinen sei deshalb verhältnißmäßig bedeutend größer, weil dieselben der freien Einwirkung der Witterung ausgesetzt würden und durch den Transport auf schlechten Wegen erheblich litten. Dazu komme, daß bei ihnen, eben der Transportfähigkeit wegen, alle Theile so leicht als möglich gefertigt werden müßten, während die stehende Dampfmaschine eine viel stärkere und solidere Construction erhalte könne.

Zu Gunsten der Lokomobile lasse sich dagegen geltend machen, daß sie nicht an Ort und Stelle im Wirthschaftshofe festgebannt

*) Journal of the Bath and West of England Society vol. IV. p. 24.

sei, sondern bei ihrer Beweglichkeit einmal auf dem Gehöfte zum Betriebe der in verschiedenen Gebäuden aufgestellten Maschinen, als der Dresch-, Häcksel-, Wurzelwerkschneid-Maschine, der Schrot- und Mahlmühle 2c. diene, sodann zur Trockenlegung und Bewässerung der Grundstücke zu benutzen sei, ferner bei einem größeren Güter-Complex mit Leichtigkeit von Hof zu Hof gebracht, oder von dem Besitzer anderen Landwirthen leihweise überlassen werden könne.

Mr. Morshead kommt in seiner Betrachtung zu dem Schlusse, daß bei mittlerer Größe der Güter und bei zweckmäßiger Gebäude-Einrichtung die stehende Dampfmaschine wegen ihrer größeren Dauerhaftigkeit und ihrer Ersparniß an Brennmaterial im Allgemeinen den Vorzug verdiene. Die Einführung der Lokomobile sei aber dennoch ein großer Gewinn, indem sie bei Anschaffung auf gemeinschaftliche Kosten von Seiten mehrerer Landwirthe oder bei dem in einzelnen Distrikten üblichen Gebrauche einer tageweisen Vermiethung, die vortheilhafte Anwendung der Dampfkraft selbst auf der kleinsten Farm ermögliche.

Der Ingenieur Robert Ritchie*) zu Edinburg ist wie fast alle Schotten, ein warmer Vertheidiger der stehenden Dampfmaschinen. Die Vorzüge derselben im Vergleich zu den Lokomobilen faßt er in folgenden Punkten zusammen: Zunächst besitze die stehende Dampfmaschine eine größere Festigkeit und Dauerhaftigkeit, während die Lokomobile schon wegen der Anforderung eines leichten Transports in allen Theilen erheblich leichter gebaut werden müsse. Ebenso zeichne sich die stehende Maschine durch eine einfachere Construction und leichtere Führung aus. Es kämen ferner bei derselben weniger Störungen im Betriebe vor, indem bei dem festen Stande ihre Bewegungen viel ruhiger seien, als bei der auf 4 Rädern ruhenden Lokomobile. Bei der Einmauerung des Kessels und Umhüllung desselben mit einem schlechten Wärmeleiter werde an Brennmaterial gespart und endlich sei bei der Aufstellung in einem abgesonderten Maschinenhause mit hohem massiven Schornsteine volle Sicherheit gegen Feuersgefahr geboten. Auf die sonst zu Gunsten der Lokomobile geltend gemachten Vortheile als eine vielseitigere Be-

*) Siehe Transactions of the Highland and agric. Society of Scotland vol. 1852. p. 281.

nutzung, die Möglichkeit des Getreide-Ausdrusches direct von den Feimen 2c. legt Mr. Ritchie keinen Werth, er hält dieselben zum großen Theile nur für scheinbar. Nach den Erfahrungen der schottischen Farmer sei die Verwendung der feststehenden Dampfmaschinen auf allen größern und mittleren Gütern mit großem Vortheil verbunden und dringend zu empfehlen. Nur für kleine Wirthschaften giebt Mr. Ritchie den leihweisen Gebrauch der Lokomobile als lohnend zu, da die Farmer hierdurch des anstrengenden und kostspieligen Getreide-Ausdrusches mit dem Pferdegöpel überhoben werden könnten.

Unter den Ansichten der Techniker über die Zweckmäßigkeit der stehenden oder transportabeln Dampfmaschinen möge hier noch die des Ingenieurs James Ferguson*) zu Newcastle angeführt werden. Derselbe sagt darüber: während bis jetzt die Versuche mit der Anwendung des Dampfes für die Bodencultur befriedigende Resultate noch nicht geliefert haben, so werde derselbe schon seit lange mit dem größten Vortheile zum Betriebe der verschiedensten Maschinen namentlich der Dresch-, Häckfel-, Wurzelwerkschneid-Maschine, der Schrot- und Mahlmühle u. a. m. benutzt. Von den beiden Arten der Dampfmaschine verdiene die feststehende den Vorzug, weil diese eine stärkere Construction zulasse, bei ihrer Aufstellung unter Dach und Fach leicht rein zu halten und in ihren Bewegungen bei der Arbeit außerordentlich stetig sei. Die Lokomobile dagegen, dem Wetter ausgesetzt, könne schwer rein und in gehöriger Schmiere erhalten werden, bei ihrer Stellung auf vier Rädern habe sie keinen hinreichend festen Stand, in Folge dessen Unregelmäßigkeiten im Gange nicht selten einträten und häufige Reparaturen nöthig würden, endlich aber sei noch dabei die größere Feuersgefahr anzuschlagen. In Anbetracht aller dieser Unbequemlichkeiten und Nachtheile empfiehlt Mr. Ferguson selbst für Farms von nur 100 Acres, die stehende Dampfmaschine, wenngleich deren Kosten etwas höher zu stehen kämen. Der durch die Lokomobile ermöglichte Ausdrusch des Getreides direct von den Feimen bringe nur einen scheinbaren Vortheil. Selbst das tageweise Miethen derselben für

*) Siehe Transactions of the Highland and agric. Society of Scotland. October 1852. p. 381.

kleinere Farms sei keineswegs besonders lohnend, da man nicht zu jeder Zeit die Maschine zur Verfügung habe und deshalb nicht die augenblicklich günstigen Getreidepreise benutzen könne.

Nach Vorausschickung dieser zum Theil sehr auseinandergehenden Urtheile sowohl Seitens der Landwirthe wie der Techniker wollen wir unter Berücksichtigung der obigen Ansichten uns selbst zur Prüfung der Frage wenden und dabei folgende Punkte näher untersuchen.

1. Beim Rückblick auf die allgemeinen Anforderungen einer für die Landwirthschaft brauchbareu Dampfmaschine sahen wir, daß die Lokomobile hinsichtlich der Einfachheit und Dauerhaftigkeit der Construction der stehenden Dampfmaschine nicht ganz gleich kommt; daß sie ferner nicht so gut gegen die Einflüsse der Witterung zu schützen und nicht so leicht rein zu halten ist, eine geringere Stetigkeit in den Bewegungen bei der Arbeit zeigt und in Folge davon einer größeren Abnutzung unterliegt*). Auch bietet die Lokomobile im Vergleich zur stehende Dampfmaschine eher Feuersgefahr, jedoch ist dieselbe nach den mitgetheilten Berichten von keiner Erheblichkeit, was in gleichem Grade von den sonst zu befürchtenden Unglücksfällen als Explosion des Kessels 2c. gilt. Hinsichtlich der Leichtigkeit der Bedienung und Führung stellt sich ein wesentlicher Unterschied zwischen beiden Maschinen nicht heraus, obgleich die feststehende Dampfmaschine eine etwas einfachere Construction besitzt. Was endlich den Bedarf an Brennmaterial betrifft, so wird von einzelnen Seiten eine Kohlenersparniß zu Gunsten der stehenden Dampfmaschine geltend gemacht. Es steht dies jedoch im directen Widerspruch mit den früher mitgetheilten Versuchen, wonach im Gegentheil die Lokomobile in ihrer vervollkommneten Construction weniger Brennmaterial gebraucht.

Nehmen wir nun auch Rücksicht darauf, daß die zu den Ver-

*) Die vermehrte Abnutzung der transportabeln Dampfmaschinen darf jedoch nicht zu hoch angeschlagen werden. Mr. Ransome berichtet zum Beweis hiervon, daß in Lincolnshire vor Kurzem eine Lokomobile, welche zehn Jahre lang vermiethet und sehr stark gebraucht war, zu $^2/_3$ der ursprünglichen Anschaffungskosten wieder verkauft wurde. Vergl. Farmers Magazine, vol. IV. p. 16.

suchen benutzten Concurrenz-Maschinen nicht ganz als Norm dienen können, so sind wir aber jedenfalls berechtigt, den Kohlenbedarf der Lokomobile nicht höher als bei der stehenden Dampfmaschine anzuschlagen. Die bei dem Vergleich beider Maschinen in Betracht kommenden Anforderungen sprechen hiernach in der Mehrzahl für die Anwendung der feststehenden Dampfmaschine.

2. Ein ferneres wichtiges Moment für die vorliegende Frage besteht in den ersten Einrichtungskosten des Dampfmaschinenbetriebes. Was zunächst die Kosten der feststehenden Dampfmaschine und ihrer Aufstellung betrifft, so sind dieselben in den oben beschriebenen Gütern ziemlich übereinstimmend und der sich ergebende Unterschied ist hauptsächlich in den größern oder geringern Auslagen für die Einrichtung des Maschinenhauses begründet. Die Kosten betragen incl. Aufstellung für:

eine	4pferdige	Maschine	160—166 *l.*
„	5 „	„	183 *l.*
„	6 „	„	200 *l.*
„	7 „	„	210—240 *l.*

(nur in einem Falle mit sehr luxuriösem Maschinenhause 330 *l.*).

Die Preise der Lokomobilen dagegen stellen sich nach den frühern Mittheilungen wie folgt:

eine	4pferdige	Lokomobile	165 *l.*
„	5 „	„	190 *l.*
„	6 „	„	210 *l.*
„	7 „	„	215—225 *l.*
„	8 „	„	230—250 *l.*

Beim Vergleich der Kosten der stehenden Dampfmaschine mit denen der Lokomobile ergiebt sich kein wesentlicher Unterschied in der Kapital-Anlage, indem die bedeutenden Aufstellungskosten die erstere um ebensoviel vertheuern, als sie an und für sich wohlfeiler ist.

3. Auf die Wahl der Dampfmaschine hat die Größe des Guts in verschiedener Beziehung Einfluß. Die Ermittelung der geringsten Ausdehnung einer Wirthschaft, in welcher noch mit Vortheil der Dampf überhaupt anzuwenden ist, wird später in einem besondern Abschnitte behandelt werden. In der vorliegenden Untersuchung sollen nur die von der relativen Größe der Güter ausgehenden, auf die Art des Dampfmaschinenbetriebes bezüglichen Rücksichten

näher angegeben werden. Bei der Einführung des Dampfes in die Landwirthschaft, mag die eine oder andere Maschine dazu dienen hängt der Erfolg stets von der vielseitigen und lang andauernden Beschäftigung ab. Es ist dies eine Anforderung, der, je größer das Gut, um so besser entsprochen werden kann. Allein selbst in der ausgedehntesten Wirthschaft wird eine gleichmäßige Beschäftigung der Maschine durchs ganze Jahr Tag für Tag gewiß nur selten zu erreichen sein, um so viel weniger aber auf einem kleinen Gute. Für die Wahl der Dampfmaschinen ist dieser Gesichtspunkt in sofern von höchster Bedeutung, weil die Lokomobile auf kleinen Gütern die Möglichkeit einer anderweitigen Verwerthung durch Ausleihen bietet. Die Wahl der Dampfmaschine kann aber auch noch in anderer Hinsicht durch die relative Größe der Wirthschaft bestimmt werden. Bei einem sehr bedeutenden Umfange des Areals, wo zum Hauptgute mehrere Vorwerke gehören, wird die Beweglichkeit der Dampfmaschine zur möglichsten Ausnutzung derselben wünschenswerth erscheinen. Die Lokomobile kann in einem solchen Falle mit Leichtigkeit von Hof zu Hof für den Ausdrusch des Getreides und andere Arbeiten als Häcksel- und Wurzelwerkschneiden ꝛc. gebracht werden. Im Vergleich zur stehenden Dampfmaschine wird hierdurch eine gleichmäßigere Ausnutzung der Dampfkraft erzielt oder es tritt bei der etwaigen Anschaffung mehrerer feststehender Dampfmaschinen eine bedeutende Ersparniß des Anlagekapitals ein.

4. Die Lage und Einrichtung des Wirthschaftshofes ist in der vorliegenden Frage einer der wichtigsten Gesichtspunkte. Liegt nämlich der Hof nicht inmitten des Guts-Areals, so kann es zur Erleichterung der Erntearbeiten sehr wünschenswerth erscheinen, das Getreide auf den entfernt liegenden Grundstücken gleich bei der Ernte auf den Feldern selbst aufzusetzen, den Ausdrusch desselben direct aus den Feimen dort nach Bedürfniß vorzunehmen, das gedroschene Stroh einstweilen wieder in Haufen zu bringen und zu gelegener Zeit nach dem Wirthschaftshofe zu führen. Wir haben in dem Früheren die verschiedensten Ansichten über die etwaigen Vortheile eines solchen Verfahrens vernommen und werden ihm bei vorurtheilsfreier Prüfung unter gewissen Verhältnissen einen wirklichen Nutzen nicht absprechen können. Zur Durchführung ist nun

aber in solchen Fällen die leicht zu transportirende Lokomobile ein wesentliches Erforderniß. Noch wichtiger als die Lage des Gehöfts zum Gutsareal ist die Einrichtung des Hofes und der einzelnen Oeconomie-Gebäude selbst. Liegen die Wirthschaftsgebäude sehr zerstreut und sind dieselben der Art eingerichtet, daß die einzelnen landwirthschaftlichen Maschinen in den verschiedenen Gebäulichkeiten untergebracht sind, so ist eine transportabele Triebkraft unumgänglich nöthig. Bei einer geschlossenen Hof-Anlage dagegen, wo namentlich das Maschinenhaus in verschiedenen Abtheilungen die Aufstellung des Häcksel- und Wurzelwerkschneiders, der Schrot- und Mahlmühle, des Oelkuchenbrechers, der Knochenmühle, der Holzsäge 2c. möglich macht, und außerdem die Dreschmaschine in einem Anbau leicht von dort aus getrieben werden kann, bei solcher Gebäude-Einrichtung ist die stehende Dampfmaschine unbedingt vorzuziehn. Die Anwendung derselben bietet dabei noch den Vortheil, daß der verbrauchte Dampf, in Röhren weiter geleitet, zum Dämpfen des Futters oder zur Erwärmung und Ventilation der Gebäude regelmäßig benutzt werden kann. Gewährt nun auch die stehende Dampfmaschine bei so compacter Gebäude-Einrichtung aus früher angegebenen Gründen eine vortheilhaftere, namentlich billigere Triebkraft, so ist natürlich in einem solchen Falle die Lokomobile nicht ausgeschlossen, indem sie bei denselben Einrichtungen gleichfalls zum Betriebe der besondern landwirthschaftlichen Maschinen angewendet werden kann.

5. Auf die Frage über den Vortheil der stehenden oder transportabeln Dampfmaschine ist, soweit dieselbe die Pachtgüter betrifft, das zwischen Gutsherrn und Pächter in Bezug auf die Einrichtungskosten des Dampfbetriebes bestehende Abkommen gleichfalls von Einfluß. Wir werden in einem besondern Abschnitte das in England und Schottland übliche Verfahren schildern. Hier sei nur soviel angedeutet, daß falls der Gutsherr weder die Einrichtungskosten namentlich des Maschinenhauses zu tragen bereit ist, noch sich zur Uebernahme der auf Kosten des Pächters aufgestellten Dampfmaschine nach einer Taxe beim Ablauf der Pacht verpflichtet, noch überhaupt auf irgend ein derartiges festes Uebereinkommen eingeht, dem Pächter nichts als die Anschaffung einer transportabeln Dampfmaschine oder das Miethen derselben übrig bleibt.

6. Endlich ist für die Wahl der Dampfmaschine auch noch der Gesichtspunkt zu berücksichtigen, daß in vielleicht nicht all zu langer Zeit die Dampf-Boden-Cultur in vollständiger Weise gelingen dürfte. Nach den darin in den letzten Jahren gemachten Fortschritten zu urtheilen, ist die Möglichkeit einer derartigen Einrichtung und Verwendung der Lokomobile nicht in Frage zu stellen und hierin kann schon jetzt ein Bestimmungsgrund für die Wahl der Dampfmaschinen gefunden werden. Auch hinsichtlich dieses Punktes beschränke ich mich auf diese flüchtige Andeutung, indem der jetzige Stand der Dampf-Boden-Cultur später beschrieben werden soll.

Diese für die Wahl der Dampfmaschinen maßgebenden, vielfachen Rücksichten beweisen zur Genüge, daß der heftige Streit über den unbedingten Vorzug der einen oder anderen zu einem allgemeingültigen Resultate nicht führen kann. Man wird sich vielmehr stets nach den besonderen lokalen Verhältnissen zu richten haben. Es läßt sich höchstens im Allgemeinen angeben, daß in Erwägung des billigeren, einfacheren und leichteren Betriebes für Güter mittlerer Größe mit einem Wirthschaftshofe, bei zweckmäßiger Lage desselben in der Mitte der Flur und bei passenden Gebäude-Einrichtungen die feststehende Dampfmaschine den Vorzug verdient. In allen übrigen Fällen macht die Lokomobile noch eine lohnende Benutzung des Dampfes für landwirthschaftliche Zwecke möglich, indem sie einen freieren, nicht auf einen Punkt concentrirten Betrieb gestattet und überhaupt als ein Mittel erscheint, durch welches die Anwendung der Dampfkraft allgemeiner gewürdigt und zuletzt in ihrer vollendetsten Form überall eingeführt zu werden verspricht.

Die stehende Dampfmaschine in Schottland, die Lokomobile vorwaltend in England.

Selbst beim flüchtigen Besuche muß es auffallen, daß in verschiedenen Theilen Großbritanniens verschiedene Dampfmaschinen in Gebrauch sind. Während man in Schottland namentlich in den Lothians, fast auf jeder Farm den hohen rauchenden Schornstein erblickt, wird die Zahl derselben im Norden Englands seltener und an die Stelle der stehenden Dampfmaschine tritt die Lokomobile, welche in den bestcultivirten englischen Grafschaften, besonders in den mittleren und südlichen, bei Weitem vorwaltet. So finden wir z. B. in Lincolnshire von den zahlreichen mit Dampfbetrieb ausgerüsteten Wirthschaften $^9/_{10}$ mit Lokomobilen versehen. Es drängt sich uns bei dieser Beobachtung unwillkürlich die Frage auf, welche Gründe den Farmer zur Wahl der verschiedenen Dampfmaschinen bestimmt oder welche äußere Verhältnisse hierzu Veranlassung gegeben haben. Bei einer näheren Untersuchung erscheint der Gebrauch der verschiedenen Dampfmaschinen in dem Zusammentreffen mehrerer Umstände begründet zu sein.

Die fast ausschließliche Benutzung der stehenden Dampfmaschine in den schottischen Wirthschaften erklärt sich zum Theil daraus, daß man daselbst viel früher, als in England zur allgemeineren Einführung der Dampfkraft in der Landwirthschaft überging, zu einer Zeit, in welcher überhaupt die Lokomobile noch nicht erfunden war.

Sodann muß man aber vor Allem bei der Beantwortung der vorliegenden Frage auf die Verschiedenheit der in Schottland und England üblichen Dreschmaschinen, für deren Betrieb die Dampfkraft zunächst bestimmt war, zurückgehen. Wir finden nämlich in den englischen Wirthschaften lange vor der Einführung des Dampfes zu landwirthschaftlichen Zwecken die transportable Dreschmaschine in solcher Ausdehnung im Gebrauch, daß durch sie ein bei Weitem größerer Theil des Getreides als durch die feststehenden ausgedroschen wurde. Es fanden sich auch bald Unternehmer, welche eine oder mehrere transportabele Dreschmaschinen anschafften, um mit denselben den Getreideausdrusch auf den einzelnen Höfen gegen einen Accordsatz auszuführen. Sie stellten zugleich das Gespann und die zur Bedienung erforderlichen Arbeiter. Als man nun mit der Benutzung der Dampfkraft für landwirthschaftliche Zwecke bekannt wurde, war es natürlich, daß gerade in England verdoppelte Anstrengungen zur Erfindung der transportabeln Dampfmaschine gemacht wurden. Denn nur diese konnte sowohl jenen Unternehmern wie auch den Pächtern, welche mehrere Höfe bewirthschafteten und transportabele Dreschmaschinen benutzten, dienlich sein. Anders waren die Verhältnisse in Schottland. Jedes Gut, sogar bis zu 50 Acres herab, besaß eine feststehende Dreschmaschine, ja selbst in den Fällen, daß ein Farmer mehrere Höfe in Pacht hatte, wurde auf jedem derselben eine eigene Maschine aufgestellt. Bei der Einführung der zunächst für den Getreide-Ausdrusch bestimmten Dampfkraft zum Ersatz des bisher dazu benutzten Gespanns wählte man die stehende Dampfmaschine, welche hier den gemachten Anforderungen vollständig entsprach.

Weitere Veranlassung zur Wahl der verschiedenen Dampfmaschinen in den englischen und schottischen Wirthschaften haben außerdem noch einzelne andere Verhältnisse mehr lokaler Natur gegeben.

Es gehört namentlich hierher die Dauer der Pachtungen, die in England bis vor nicht zu langer Zeit im Verhältniß zu Schottland kurz waren. Der englische Pächter fand sich deshalb um so weniger veranlaßt, einen Theil seines Kapitals zur Anschaffung eines festen Inventarienstückes zu verwenden, als ein festes Abkommen in Bezug auf die Entschädigung für derartige Anlagen im Allgemeinen nicht eingeführt war, während in Schottland ein solches bei der langen Pachtdauer fast durchgängig seit geraumer Zeit besteht.

Ferner mag auf die Wahl der Dampfmaschinen-Art die Verschiedenheit der klimatischen Verhältnisse und der Anlage und Einrichtung der Wirthschaftshöfe von Einfluß sein. Das Klima Englands erscheint für den Ausdrusch des Getreides im Freien mehr geeignet, als das rauhere und feuchtere Schottland, und die englischen Wirthschaftshöfe sind meistens weniger geschlossen, und haben eine minder compacte Gebäude-Einrichtung, als die schottischen Farms, so daß auf den Gütern Englands eine von Ort zu Ort leicht bewegbare Triebkraft mehr Bedürfniß ist.

Endlich kann hierauf, wenn auch in untergeordnetem Grade der Umstand eingewirkt haben, daß die transportabeln Dresch- und Dampfmaschinen eine sorgfältigere Construction und Arbeit erheischen als derartige feststehende Maschinen. Nach dem Urtheile sachkundiger Männer standen aber die Maschinenfabrikanten Schottlands wenigstens in früherer Zeit denen Englands hinsichtlich der Tüchtigkeit ihrer Leistungen nicht unerheblich nach.

Wir sehen daher, daß durch mannigfache äußere, zum Theil zufällige Verhältnisse die allgemeine Verbreitung der stehenden Dampfmaschine in Schottland sowie die der Lokomobile in England hervorgerufen ist. Eine genaue Abwägung der besonderen Vortheile der Dampfmaschinenart scheint hierbei keineswegs stattgefunden zu haben und wir sind deshalb nicht berechtigt, aus dem allgemeineren Vorkommen den unbedingten Vorzug der stehenden oder transportabeln Dampfmaschine zu folgern.

Betriebs-Kosten.

Die folgende Aufstellung mag solchen als Anhalt und Richtschnur dienen, welche eine Betriebskosten-Berechnung anzufertigen haben. Eine absolute Gültigkeit für alle Fälle kann dieselbe aus dem Grunde nicht beanspruchen, weil auf die Höhe der einzelnen Kostensätze die Art der Dampfmaschine, die Dauer der Beschäftigung, der Preis und die Qualität des Brennmaterials u. a. m. den wesentlichsten Einfluß ausüben. Um jeder Täuschung über den Vortheil der Anwendung der Dampfkraft in der Landwirthschaft vorzubeugen, wollen wir durchgängig alle Sätze hoch annehmen. Es kommen bei den Betriebskosten folgende Punkte in Betracht:

1. die Zinsen des Anlage Capitals;

2. die Kosten der Instandhaltung der Maschine und der Tilgung des Anlagekapitals;
3. die Kosten des Brennmaterialbedarfs;
4. Sonstige Ausgaben, namentlich für die Beschaffung des Wassers, sowie für Oel, Fett, Kitt und Putzmaterial, und
5. Löhnung des Maschinenwärters.

1. Was die Zinsen betrifft, so sind 5% des Anlage Capitals zu berechnen. Die Anschaffungskosten der stehenden Dampfmaschinen nebst den dazu gehörigen Gebäulichkeiten betrugen in den früher beschriebenen Wirthschaften durchschnittlich: für eine

4pferdige	Maschine	160—166 *l.*	mithin per Pferdekraft	40,7 *l.*
5 „	„	183 *l.*	„ „ „	34,6 *l.*
6 „	„	200 *l.*	„ „ „	33,3 *l.*
8 „	„	210—240 *l.*	„ „ „	28,0 *l.*

Der Preisunterschied je nach der Größe der Dampfmaschine liegt vornehmlich darin, daß bei den größeren der Aufwand für die Gebäude verhältnißmäßig sich niedriger stellt. Wenn wir hiermit die Preise der Concurrenz-Maschinen auf den landwirthschaftlichen Ausstellungen vergleichen (1853 per Pferdekraft 26,39 *l.*, 1855, 25,65 *l.* und 1858, 25,77 *l.*) und im Mittel 26 *l.* per Pferdekraft annehmen, so erscheinen die Kosten des Maschinenhauses in den oben beschriebenen Wirthschaften sehr niedrig berechnet.*) Zur Vermeidung einer zu niedrigen Veranschlagung mögen daher die Gesammtkosten einer 6pferdigen stehenden Dampfmaschine auf 250 *l.* und die einer 8pferdigen auf 280 *l.* angenommen werden.

Die durchschnittlichen Preise der Lokomobile sind nach dem frühern:**)

---

*) Die Kosten der Anschaffung und Aufstellung einer stehenden Dampfmaschine, aus deutschen Fabriken bezogen, dürften sich, einschließlich der dazu gehörigen Gebäulichkeiten, höher stellen. Nach einer Mittheilung des Herrn Goltstein, Generaldirectors der Kölnischen Maschinenbau-Actiengesellschaft betragen beispielsweise die Gesammtkosten einer 4pferdigen stehenden Dampfmaschine mit allem Zubehör incl. der Gebäude c. 1400 Thlr. und die einer 8pferdigen 2100 Thlr. mithin durchschnittlich per Pferdekraft c. 350 resp. 260 Thlr.

**) Die in deutschen Fabriken gefertigten Lokomobilen sind etwas billiger, als die englischen. In der Kölnischen Maschinenbau-Anstalt z. B. kostet eine 6pferdige transportabele Maschine 1350 Thlr.

für	eine	4pferdige		165 *l.*
„	„	5	„	190 *l.*
„	„	6	„	210 *l.*
„	„	7	„	215—225 *l.*
„	„	8	„	230—250 *l.*

Bei der Kostenaufstellung ist der Zinsbetrag des Anlagekapitals auf die Zahl der Arbeitstage der jährlichen Beschäftigung zu vertheilen.

2. Die Kosten der Instandhaltung der Maschine und der Tilgung des Anlagekapitals. In beiden Beziehungen erweisen sich die Lokomobilen ungünstiger, als die stehende Dampfmaschine, indem erstere wegen des geringeren Schutzes gegen äußere Einflüsse, wegen ihrer minderstarken Construction ꝛc. sowohl größere Reparaturkosten erfordern, wie auch einer stärkeren Abnutzung unterliegen. Die darüber in dem frühern gemachten Angaben können deshalb als Norm nicht dienen, weil die Höhe der Unterhaltungs- und Abnutzungskosten hauptsächlich durch die Dauer der jährlichen Betriebszeit der Maschinen bedingt wird und grade diese in den einzelnen Wirthschaften so außerordentlich wechselt.

Bei der Wichtigkeit einer genauen auf Erfahrung beruhenden Ermittelung dieser Kostensätze suchte ich von erfahrenen englischen Ingenieuren zuverlässige Angaben darüber zu erhalten. Der Ingenieur William Morshead jun. zu Liskeard, welcher mit Recht als Autorität auf diesem Gebiete gilt, theilt unter den 20. März d. J. Folgendes brieflich darüber mit: Nach seiner Erfahrung kann eine stehende Dampfmaschine von solider Construction und hinreichender Pferdekraft für die geforderte Arbeit, bei sorgfältiger Unterhaltung 8—10 Jahre lang 12 Stunden täglich arbeiten, ohne einer Reparatur zu bedürfen. Nach Ablauf dieses Zeitraumes werden gewöhnlich die Führungsschlitten der Kolbenstange und die Lager an Pleuelstange und Krummzapfen zu erneuern sein, deren Ersatz bei einer Maschine von 6—8 Pferdekraft eine Ausgabe von etwa 4—5 *l.* erfordern wird. Lokomobilen, welche dieselbe Arbeit vollbringen, verlangen diese Reparaturen früher, als die stehenden Maschinen, weil sie zum Zweck der größern Compactheit und des leichteren Transports in der Regel von geringeren Dimensionen gefertigt werden und außerdem bei höherem Druck sowie mit größerer

Geschwindigkeit arbeiten. Auch werden die Kosten der späteren Reparatur an den sich abnutzenden Theilen verhältnißmäßig bedeutender sein. Nach seinen Erfahrungen kann bei einer Ausgabe von c. 20 *l.* für Reparaturen die Dauer einer stehenden Dampfmaschine von 6—8 Pferdekraft auf 30—35 Jahre, die einer Lokomobile auf 20 Jahre angenommen werden. Nach dieser Zeit wird es gewöhnlich wohlfeiler zu stehen kommen, eine neue Maschine anzuschaffen, als die alte einer durchgreifenden Reparatur zu unterwerfen. In Bezug auf den Dampfkessel macht Mr. Morshead in seinem Schreiben folgende zusätzliche Bemerkungen. Die Dauer desselben hänge vornehmlich von der Beschaffenheit des gebrauchten Wassers ab. In Gegenden, wo das Wasser viel corrodirende Substanzen enthalte, sind ihm Kessel vorgekommen, die in 5—6 Jahren vollständig unbrauchbar waren. Wenn dagegen das Wasser ziemlich rein sei, so hätten die Kessel mindestens eine Dauer von 20—25 Jahren. Sei das Wasser sehr reich an Substanzen, welche Kesselstein bilden, so verwende man für stehende Maschinen am besten die Cornwall'schen Kessel, weil bei diesen die am stärksten vom Feuer bestrichene Fläche am wenigsten der Ablagerung von Kesselstein ausgesetzt sei. Für Lokomobilen gebrauche man gewöhnlich Kessel mit Heizröhren, wogegen sich Mr. Morshead im Allgemeinen deshalb ausspricht, weil die Verbindungsstellen an den Enden der Heizröhren häufig leck würden und schwer wieder zu dichten seien.

Ein anderer Ingenieur Mr. Bridges berichtet über die Instandhaltung der Dampfmaschinen, daß nach seinen umfassenden Erfahrungen bei der in Schottland üblichen Verwendung der Dampfkraft die Reparaturkosten einer 6pferdigen, stehenden Dampfmaschine in den ersten 19 Jahren nur 2 *l.* jährlich betragen. Den Gesammtwerth der Maschine zu 250 *l.* angenommen, würde dies noch nicht einmal 1% ausmachen.

Etwas höher werden die Unterhaltungskosten von Mr. Hope zu Fenton-Barns berechnet, welcher schon im Jahre 1836 eine 6pferdige Dampfmaschine nebst dazu gehörigem Dreschapparat in seiner Wirthschaft einführte. Obgleich seit 24 Jahren beständig im Betriebe, befindet sich dieselbe noch in tauglichem Zustande. Während eines längeren Zeitraumes betragen in der dortigen Wirthschaft die Unterhaltungskosten der Dampf- und Dreschmaschine per Jahr 5 *l.* wovon die Hälfte auf die Dampfmaschine zu rechnen ist. Es ist mir zwar in keiner anderen Wirthschaft ein größerer Aufwand für Reparaturkosten bekannt geworden, dennoch wollen wir jenen Betrag von $2^1/_2$ *l.* für eine stehende 6pferdige Dampfmaschine auf 3 *l.* erhöhen und die doppelte Summe als jährliche Unterhaltungskosten für eine 6pferdige Lokomobile berechnen. In Procenten ausgedrückt, wenn wir den Werth einer stehenden Maschine von 6 Pferdekraft zu 250 *l.* rechnen, betragen hiernach diese Ausgaben $1^1/_5$% und für eine 6pferdige Lokomobile zu einem Preise von 210 *l.* c. 3% der Anschaffungskosten.

Die Höhe des jährlichen Tilgungs-Antheils vom Anlagekapital wird durch die Dauer der Maschine bedingt. Nach den obigen Angaben des Ingenieur Morshead ist die Dauer einer stehenden Dampfmaschine bei guter Unterhaltung auf 30—35 Jahre anzuschlagen. Ich selbst kenne mehrere Wirthschaften, wo die Dampfmaschinen nach 25jährigem Gebrauch sich noch im betriebsfähigen Zustande befinden. Der größeren Sicherheit wegen soll die durchschnittliche Dauer der stehenden Dampfmaschine nur auf 20 Jahre und die der Lokomobile auf 15 Jahre angenommen werden. Hiernach berechnet sich der jährliche Amortisationsbetrag bei der stehenden Maschine auf 5% der Anschaffungskosten und für die Lokomobile auf $6^2/_3$%. Die Unterhaltungs- und Amortisationskosten zusammengenommen stellen sich somit für die erstere Maschine auf $6^1/_5$% und für die Lokomobile auf $9^2/_3$% ihres Anschaffungswerthes.

Es dürfte hier der geeignete Ort sein, die Angaben deutscher Ingenieure über die Unterhaltungs- und Abnutzungskosten der Dampfmaschinen einzuschalten, indem dieselben für die Frage über die Anwendbarkeit des Dampfbetriebes auf deutsche Wirthschaften besonderen Werth haben.

Ingenieur Scholl giebt in seiner Schrift „der Führer des Maschinisten" (4. verbesserte Auflage 1856 S. 418) eine vollständige Berechnung der Betriebskosten einer 12pferdigen Dampfmaschine. Es werden darin bei einer Betriebszeit von 300 Arbeitstagen zu 15 Stunden, die Kosten für Reparaturen, Amortisation und Instandhaltung der Maschine zu $6^1/_2$% des Anschaffungswerthes berechnet.

Generaldirector Goltstein spricht sich in einer brieflichen Mittheilung an mich dahin aus, daß der Procentsatz für Reparaturen und Amortisation hauptsächlich von der Güte des Materials und der Arbeit, sowie von der Unterhaltung der Maschine abhängig sei und deshalb sehr wechsele. Bei stehenden Dampfmaschinen genüge im günstigsten Falle selbst ½% des Anlagekapitals für Reparaturkosten, bei schlechter Arbeit, Unterhaltung ꝛc. dagegen könne diese Ausgabe allein auf 10% und darüber steigen. Um in allen Fällen sicher zu gehn, wäre nach seiner Ansicht für Reparaturen und Amortisation zusammen bei feststehenden Maschinen 8% und bei Lokomobilen 12% des Anlagekapitals anzusetzen.

Ziehen wir in Betracht, daß in dem eben angegebenen Kostensatz des Herrn Scholl eine Arbeitszeit von 300 Tagen zu 15 Stunden angenommen ist, daß dagegen die in der Landwirthschaft gebrauchten Maschinen wohl nur ausnahmsweise eine so andauernde Beschäftigung haben, so wird der gleiche Ansatz von 6½% des Anlagekapitals für Unterhaltung und Abnutzung stehender Dampfmaschinen schon hoch genug erscheinen. Berücksichtigen wir jedoch ferner die Angaben des Herrn Goltstein, welcher mit aller Vorsicht auch minder günstige Fälle in Rechnung zieht, so glauben wir für Reparaturkosten und Amortisation bei feststehenden Dampfmaschinen 7%, bei Lokomobilen dagegen 11% als vollständig ausreichend annehmen zu dürfen. Bei einem Gesammtwerthe einer 6pferdigen stehenden Maschine von 250 *l.* betragen hiernach die desfallsigen Kosten 17½ *l.* (116 Thlr. 20 Sgr.) und für eine Lokomobile von gleicher Kraft im Werthe von 210 *l.*, 23 *l.* 2 *s.* (154 Thlr.). Der Vergleich dieser Zahlen mit den englischen Angaben ergiebt, daß die letzteren nicht unbeträchtlich geringer sind. Wir werden daher in keinem Falle zu niedrig greifen, wenn wir in den folgenden Berechnungen die Procentsätze für Abnutzungs- und Unterhaltungskosten auf 7 resp. 11% annehmen.

3. Der Brennmaterialbedarf. Eine Zusammenstellung des Kohlenverbrauchs in den früher beschriebenen Wirthschaften können wir füglich unterlassen, weil die daraus zu bildenden Durchschnittssätze doch nicht maßgebend sein können. Bei der verschiedenen Qualität der gebrauchten Kohlen, wie bei der mehr oder minder vervollkommneten Construction der Maschinen ergiebt sich nämlich ein zu großer Unterschied im Brennmaterialbedarf (7—15 Pfund stündlich per Pferdekraft). Wie wir auch früher sahen, hat man grade in den letzten Jahren hinsichtlich der Kohlenersparniß außerordentliche Fortschritte gemacht. Wir erinnern nur an die früher

mitgetheilte Uebersicht der Prüfungs-Ergebnisse der Concurrenz-Maschinen, wonach der stündliche Kohlenbedarf per Pferdekraft 1849 noch 11,5 Pfd., im Jahre 1855 dagegen nur noch 3,69 Pfund, also nicht ganz ein Drittel von jenem betrug. Allein auch hinsichtlich des Kohlenbedarfs wollen wir für unsere Berechnung den verhältnißmäßig hohen Satz von 8 Pfd. stündlich per Pferdekraft annehmen. Der tägliche Kohlenverbrauch einer 6pferdigen Dampfmaschine während 10 Arbeitsstunden berechnet sich hiernach auf 480 Pfd. oder in runder Summe auf 5 Ctr. Setzen wir bei guter Qualität der Kohlen den Preis per Centner auf 10 Sgr.*) so betragen die täglichen Kosten des Brennmaterials 1 Thlr. 20 Sgr.

4. Sonstige Kosten, namentlich für die Beschaffung des Wassers, ferner für Oel, Kitt und Putzmaterial.

Die Wasserbeschaffung kann bei feststehenden Maschinen um deswillen nicht in Betracht kommen, weil eine solche sich das nöthige Wasser aus einem schon vorhandenen oder bei der Einrichtung anzulegenden Brunnen selbst pumpt. Dagegen wird das Speisewasser der Lokomobilen in der Regel an den Ort der Arbeit transportirt werden müssen. Als Maximum gilt, daß die Dampfmaschine per Pferdekraft und Stunde $^3/_4$ Kubikfuß Wasser verbraucht. Eine 6pferdige Lokomobile wird daher in 10 Arbeitsstunden höchstens 45 Kubikfuß, welche ein Gewicht von 27 Centner repräsentiren, nöthig haben. Die Transportkosten werden nach den lokalen Verhältnissen verschieden sein, durchschnittlich wird man aber mit 10 Sgr. ausreichen.

Die Ausgaben für Oel, Kitt, Putzmaterial u. dergl. werden

*) Der Preis der Kohlen stellt sich in England verhältnißmäßig niedrig, ist aber auch je nach der Qualität und in den einzelnen Gegenden sehr verschieden. Noch größer ist der Unterschied in den Preisen der deutschen Kohlen. So kosten z. B. die von der Ruhr bezogenen Kohlen bester Qualität per Scheffel à 90—91 Pfd. 6½—7 Sgr., ferner die Kohlen aus den königlichen Gruben des Bergwerksbezirks Saarbrücken per Centner je nach der Güte 3½—6½ Sgr. der Ansatz von 10 Sgr. per Centner Kohlen erscheint hiernach gewiß nicht zu niedrig gegriffen.

Sollte bei geringer Qualität der Kohlen ein Quantum von selbst mehr als 8 Pfd. per Pferdekraft und Stunde consumirt werden, so wird doch wegen des geringeren Preises solcher Kohlen der oben angenommene Geldansatz von 1 Thlr. 20 Sgr. in keinem Falle übersteigen werden.

von den Technikern außerordentlich verschieden angegeben. Nach der brieflichen Mittheilung des Ingenieurs Morshead ist die Menge an Oel und Fett, welche der Betrieb einer Dampfmaschine erfordert, sehr schwer abzuschätzen, weil nach seiner Erfahrung gewöhnlich mehr verschwendet, als wirklich verbraucht wird. Ein Quart Oel die Woche sollte für eine 8pferdige Maschine bei 12stündiger Arbeit ausreichen. Ebenso hängt der Bedarf an Putzmaterial nach seiner Ansicht vornehmlich von der Sorgfalt ab, mit welcher die Maschine behandelt wird. Stehe dieselbe an einem warmen, trockenen Orte, so werde es hinreichen, gelegentlich die blanken Theile mit einer Handvoll geöltem Hanf abzureiben. Lasse man dagegen die Maschine rostig werden, so müsse man sie mit Ziegelmehl oder Eisenfeile scheuern. Hierbei sei jedoch jedes Eindringen dieser Substanzen in die Lager ꝛc. sorgfältig zu vermeiden, weil dadurch die Abnutzung sehr vermehrt werde. Bei einer kleinen Maschine von 6—8 Pferdekraft sollte die Ausgabe an Putzmaterial 6 *d.* (5 Sgr.) für die Woche nicht übersteigen.

Um auch diese Ausgaben in unserer Kostenberechnung nicht zu niedrig anzuschlagen, wird es zweckmäßig sein, die Angaben einzelner deutscher Ingenieure darüber zu vernehmen.

Ingenieur Scholl berechnet in der bereits obenerwähnten Schrift für eine 12pferdige Dampfmaschine bei einer Arbeitszeit von 300 Tagen zu 15 Stunden die desfallsigen Kosten wie folgt:

Fett und Oel zur Beleuchtung und Schmiere	75	Thlr.
Hanf zum Lidern der Büchsen und Kränze	16	„
Mennigkitt	16	„
Tuch und Putzmaterial	10	„
Seife	4	„
Summe	121	Thlr.

Nach einer brieflichen Mittheilung des Herrn Generaldirectors Goltstein zu Cöln, betragen alle Sätze hoch berechnet, die Ausgaben für eine 6pferdige Dampfmaschine pro Monat:

60 Pfd. Oel à 5 Sgr.	300	Sgr.
20 Pfd. Putzwolle à 3 Sgr.	60	„
10 Bogen Schmirgelleinen	10	„
4 Pfd. Fett à 9 Sgr.	36	„
2 Pfd. Menning à 4 Sgr.	8	„
1 Bogen Pappendeckel	10	„
Verschiedenes	26	„
Summe	450	Sgr.

Auf 26 Arbeitstage des Monats vertheilt, also per Tag 18 Sgr. à 12 Arbeitsstunden, mithin bei 10 Stunden in allen Fällen mit 15 Sgr. ausreichend und bei ganz geordnetem Betriebe mit 12 Sgr. per Tag jedenfalls hoch genug.

Die jährlichen Kosten an Oel, Kitt und Putzmaterial für eine 12pferdige Dampfmaschine stellen sich nach Herrn Scholl bei einer Arbeitszeit von 300 Tagen zu 15 Stunden im Ganzen auf 121 Thlr. also per Pferdekraft in runder Summe auf 10 Thlr. Da nun die für landwirthschaftliche Zwecke verwendeten Maschinen höchstens 8—10 Stunden täglich und im Durchschnitt wohl selten über 150—200 Tage in Betrieb sind, so ist jener Betrag von 10 Thlr. per Pferdekraft für die feststehende Dampfmaschine mit vollem Recht auf 6 Thlr. zu ermäßigen, wogegen bei den Lokomobilen ein Kostensatz von 9 Thlr. angenommen werden soll. Hiernach stellen sich die jährlichen Kosten für eine 6pferdige stehende Maschine auf 36 Thlr., für eine Lokomobile von gleicher Pferdekraft dagegen auf 54 Thlr., und auf 100 Arbeitstage vertheilt, in runder Summe im ersteren Falle auf 10 Sgr. und im letzteren auf 15 Sgr. per Tag. In Berücksichtigung der Kostensätze des Herrn Goltstein, welcher alle Ausgaben hoch angeschlagen hat, wollen wir jedoch, der größeren Zuverlässigkeit wegen, für eine stehende 6pferdige Dampfmaschine die tägliche Ausgabe von 10 Sgr. auf 15 und bei der Lokomobile von gleicher Kraft von 15 Sgr. auf 20 erhöhen.

5. Löhnung des Maschinenwärters. Die Kosten desselben betrugen in den englischen Wirthschaften 2—3 *s.* per Tag. Wir wollen auch hierbei für unsere Berechnungen den höchsten Satz von 3 *s.* also 1 Thlr. per Tag annehmen, obwohl bei der Verwendung ländlicher Arbeiter die Kosten in den meisten Fällen noch nicht $^2/_3$ des Betrags in Anspruch nehmen werden.

Nach Maßgabe der vorstehenden Kostensätze, ist in jedem einzelnen Falle eine genaue Aufstellung der Betriebskosten zu entwerfen. Wir wollen als Beispiel nur zwei Berechnungen und zwar für eine stehende 6pferdige Dampfmaschine und für eine Lokomobile von gleicher Pferdekraft geben.

I. Betriebskosten einer stehenden 6pferdigen Dampfmaschine, bei einer Beschäftigungsdauer von 100, 150 und 200 Tagen zu 10 Stunden wirklicher Arbeitszeit.

1. Zinsen des Anschaffungskapitals von 250 *l.* zu 5% = 12½ *l.* = 83 Thlr. 10 Sgr.

	Th.	Sg.	Pf.
Auf 100 Arbeitstage vertheilt, p. Tag 25 S. — Pf. =	—	25	—
„ 150 „ „ „ „ 16 „ 7 „			
„ 200 „ „ „ „ 12 „ 6 „			

2. Für Reparaturen und Amortisation 7% des Anlagekapitals 250 *l.* = 17½ *l.* = 116 Thlr. 20 Sgr.*)

Auf 100 Arbeitst. vertheilt p. Tag 1 Th. 5 S. — Pf.	1	5	—
„ 150 „ „ „ „ — „ 23 „ 4 „			
„ 200 „ „ „ „ — „ 17 „ 6 „			

3. Kohlenbedarf

per Stunde und Pferdekraft 8 Pfd. mithin für die 6pferdige Maschine während 10 Stunden in runder Summe 5 Centner à 10 Sgr. . . . . 1 20 —

4. Sonstige Unkosten für Oel, Schmiere und Putzmaterial per Tag . . . . — 15 —

5. Lohn des Maschinenwärters per Tag . . . . . 1 — —

Mithin bei einer Beschäftigungsdauer von

	Th.	Sg.	Pf.
100 Tagen Betriebskosten per Tag	5	5	—
150 „ „ „ „	4	14	11
200 „ „ „ „	4	5	—

II. Betriebskosten einer 6pferdigen Lokomobile, bei einer Beschäftigungsdauer von 100, 150 und 200 Tagen zu 10 Stunden Arbeitszeit:

1. Zinsen des Kostenpreises der Lokomobile 210 *l.* à 5% = 10½ *l.* = 70 Thlr.

	Th.	Sg.	Pf.
Auf 100 Arbeitstage vertheilt p. Tag 21 Sgr. — Pf.	—	21	—
„ 150 „ „ „ „ 14 „ — „			
„ 200 „ „ „ „ 10 „ 6 „			

*) Dieser Betrag gilt für eine gleichmäßig andauernde Beschäftigung der Dampfmaschine von etwa 300 Arbeitstagen und es müßte, streng genommen, der Kostensatz bei einer geringeren Abeitszeit vermindert werden.

	Th.	Sg.	Pf.
2. Für Reparaturen und Amortisation 11% der Anschaffungskosten mit 210 *l.* = 23 *l.* 2 *s.* = 154 Thlr.			
Auf 100 Arbeitst. vertheilt p. Tag 1 Th. 16 Sg. 3 Pf.	1	16	3
„ 150 „ „ „ „ 1 „ — „ 10 „			
„ 200 „ „ „ „ — „ 23 „ 2 „			
3. Kohlenbedarf.			
Stündlich per Pferdekraft 8 Pfd. mithin für die 6pferdige Lokomobile während 10 Stunden in runder Summe 5 Ctr. à 10 Sgr.	1	20	—
4. Sonstige Kosten.			
a. für Anschaffung des Speisewassers 10 Sgr.			
b. für Oel, Kitt und Putzmaterial . 20 „ .	1	—	—
5. Lohn des Maschinenwärters per Tag	1	—	—
Mithin bei einer Beschäftigungsdauer von			
100 Tagen Betriebskosten per Tag	5	27	3
150 „ „ „ „	5	4	10
200 „ „ „ „	4	23	8

Nach Feststellung der täglichen Betriebskosten der Dampfmaschine lassen sich nun die Gesammtsausgaben für die einzelnen landwirthschaftlichen Arbeiten, für welche die Dampfkraft verwendet wird, leicht ermitteln. In einem der folgenden Abschnitte werden wir die Leistungen der durch Dampfkraft betriebenen landwirthschaftlichen Maschinen sowie die zu ihrer Bedienung erforderlichen Arbeiter näher angeben. Die Gesammtkosten der einzelnen Arbeiten sind hiernach durch Zusammenrechnung der täglichen Betriebs-Ausgaben für die Dampfmaschine, der Zins-, Unterhaltungs- und Abnutzungskosten der betreffenden landwirthschaftlichen Maschinen und der Löhne für die dabei beschäftigten Arbeiter genau festzustellen.

Instruction für die Wartung und Behandlung der Lokomobile.

Bei der großen Wichtigkeit, welche die sorgsame Bedienung der Dampfmaschine, besonders der Lokomobile auf den regelmäßigen Gang wie auf die verminderte Abnutzung derselben ausübt, ist es nöthig, die von erfahrenen Ingenieuren hierfür gegebenen Vorschriften streng zu beachten. Wir theilen deshalb in Folgendem eine Anleitung mit, welche der Hauptsache nach einer in dem Journal der Königlichen Landwirthschafts-Gesellschaft von England (Band XIX. Seite 430 u. fgd.) enthaltenen Abhandlung der bekannten Maschinenbauer Ransome und Simes entnommen ist.

Aufstellung der Maschine. Beim Aufstellen der Lokomobile sorge man dafür, daß sie horizontal stehe und vor dem aus der Dreschmaschine oder sonst entwickelten Staube möglichst geschützt sei. Alle vier Räder müssen gleichmäßig auf dem Boden ruhen, so daß dadurch jeder Erschütterung während des Ganges vorgebeugt wird. Es ist dies auf ungünstigem Terrain am besten dadurch zu erreichen, daß man unter die Räder der Lokomobile der Radform angepaßte hölzerne Klötze legt. Durch Eintreiben von Keilen unter dieselben ist es nun leicht, mittelst einer Libelle der Maschine sogar eine ganz horizontale Stellung zu geben. Hierdurch wird nicht nur das Abgleiten des Treibriemens vom Schwungrade verhindert, sondern auch bewirkt, daß die Siederöhren des Kessels gleichmäßig vom Wasser bedeckt sind. Auf dieselbe Weise ist die sichere Aufstellung der in Betrieb zu setzenden landwirthschaftlichen Arbeits-Maschinen zu erlangen. Insbesondere sind hierbei folgende Bedingungen zu erfüllen: Zunächst ist die landwirthschaftliche Maschine in solcher Entfernung von der Lokomobile aufzustellen, daß der Treibriemen straff genug angezogen werden kann; ferner müssen nicht nur die Achsen der durch den Treibriemen verbundenen Riemscheiben (sowohl der Lokomobile wie der landwirthschaftlichen Arbeitsmaschine) genau parallel sein, sondern es müssen auch die Stirnflächen der Riemscheiben in einer Ebene liegen.

Füllung des Kessels. Zur Speisung des Kessels ist möglichst reines Wasser zu nehmen. Wasser aus Teichen oder Gräben, welches Unreinigkeiten enthält, muß verworfen werden. Die erste Füllung geschieht in der Weise, daß man das Wasser mittelst eines eisernen Trichters in die dazu bestimmte Oeffnung des Kessels so lange eingießt, bis dasselbe ungefähr in der Hälfte des Wasserstandglases sich zeigt.

Untersuchung des Wasserstandzeigers. Vor dem Anfeuern muß das Wasserstandsglas stets geprüft werden, um sich zu vergewissern, daß die Zugänge nicht verstopft sind. Spielt das Wasser nicht ungehindert in der Rohre, nachdem die Communication mit dem Kessel hergestellt ist, so löst man die beiden Schrauben, welche den Zuleitungskanälen vom Kessel gegenüber stehn und entfernt durch Einfuhrung eines Drahtes alle etwaigen Verstopfungen sowohl aus den Kanälen wie aus den Hähnen. Man setzt die Schrauben nicht eher wieder auf, als bis das Wasser ungehindert ausfließt. Mit besonderer Sorgfalt achte man darauf, daß während der Kessel in Wirksamkeit ist, die Hähne der beiden Zuleitungsröhren zum Wasserstandsglase nie geschlossen sind.

Gebrauch der Probirhähne. Der richtige Wasserstand im Kessel läßt sich leicht in der Röhre des Wasserstandzeigers beobachten. Zur größern Sicherheit, namentlich wenn das Wasser in der Röhre sich nicht ungehindert zu bewegen scheint, kann man durch die beiden Probirhähne am oberen und unteren Ende des Wasserstandzeigers sich von Zeit zu Zeit überzeugen, ob dies auch wirklich der Fall ist. Zu diesem Zweck öffne man abwechselnd den untern und obern Hahn, wo dann der erstere nur Wasser, der letztere nur Dampf ausströmen lassen darf. Giebt hierbei der untere Hahn Dampf und etwas Wasser zugleich, alsdann ist die untere Communicationsröhre zwischen Wasserstandszeiger und Kessel verstopft. In diesem Falle muß der Dampf abgelassen und dann die Reinigung der Wasserstandsröhre in der vorher beschriebenen Weise ausgeführt werden.

Das Anfeuern. Die Roststäbe müssen vor dem Auflegen des Brennmaterials von Schmutz und Schlacken gereinigt werden. Alsdann bringt man Holzspähne und etwas Kienholz auf den Rost und legt zuletzt eine geringe Menge Kohlen auf. Nachdem man von unten die

Spähne entzündet hat, wird sich in Kurzem ein lebhaftes Feuer entwickeln. Bei manchem Brennmaterial ist es gut, die Heizthür bis zur vollständigen Entzündung der Kohlen halb offen zu halten. Von nun an schüttet man die Kohlen in kleinen Quantitäten auf, so daß der Rost gleichmäßig nicht über 3 Zoll hoch bedeckt ist. Das Feuer muß stets hell sein; an keiner Stelle darf jedoch der Rost bloß liegen, da sonst die zuströmende kalte Luft die Heizröhren unnöthig abkühlen würde. Feuchtes Stroh und Holz darf zum Anzünden nicht gebraucht werden. Sobald das Feuer entzündet ist, gießt man Wasser in den Aschenkasten, wodurch die Schlackenbildung vermindert und die Roststäbe vor dem raschen Verbrennen geschützt werden. Auch wird dadurch die Feuersgefahr vermindert, indem das Wasser die durch den Rost fallenden Schlacken sofort auslöscht. Besitzt der Aschenfall zwei gegenüberstehende Thüren, so schließt man bei windigem Wetter die eine der Thüren, wie es die Richtung des Windes erheischt.

Die Dampferzeugung. Das Feuer muß, wie schon bemerkt, stets hell sein. Nie sind die Kohlen gegen die Heizröhren hin anzuhäufen. Auch dürfen überhaupt nicht zu viel Kohlen auf einmal aufgebracht werden, da dies die Dampfentwickelung verzögert. Ein geschickter Heizer lernt bald das richtige Maß für sein Brennmaterial kennen.

Das Reinigen der Heizröhren. Geben die Kohlen viel Rauch, so ist es rathsam, während der Mittagsstunde die Heizröhren auszubürsten. Es kann dies ohne ein Ausräumen des Feuers geschehn, indem man es etwas niedriger brennen läßt und nach einer Ecke der Feurung zusammenzieht. Alsdann ist das Ausbürsten von der Rauchkammer aus ganz bequem auszuführen. Vor dem Anheizen der Maschine am Morgen müssen stets alle Heizröhren mit einem Wischer sorgfältig gereinigt werden.

Behandlung des Sicherheits-Ventils und der Federwage. Sobald das Wasser zu kochen beginnt, ist es unerläßlich, das Sicherheitsventil mit der Hand zu öffnen, um sich von seiner Zuverlässigkeit zu überzeugen. Man schraubt dann die Federwage auf eine Pressung von nur 10 Pfd. (per Quadratzoll) nieder und erst, wenn der Dampf das Ventil abbläst, steigert man den Druck der Feder auf 45 bis 50 Pfd. Wenn die Maschine außer

Thätigkeit ist, soll die Feder nie in voller Spannung gehalten werden, da dieselbe sonst allmählig ihre Elastizität verliert und außerdem das Ventil eher Gefahr läuft, sich in seinem Lager festzusetzen.

Das Schmieren der Maschine. Vor dem Anlassen der Maschine gießt man etwas Oel in den Cylinder, zu welchem Zweck derselbe mit einem eigenen Hahn versehen ist. Um sich zu überzeugen, daß alle beweglichen Maschinentheile in gutem Stande sind, dreht man das Schwungrad einige Male mit der Hand herum. Alle Schmierbüchsen werden gefüllt und die Dochte der Schmierkanäle geprüft. Auf die Balken der Gradführung ist etwas Oel zu gießen und namentlich die Schmierbüchse des Führungsschlittens wohl damit zu versehn. Ebenso sind die Excentriks und der Pumpenkolben gut zu ölen.

Das Ingangsetzen der Maschine. Wenn die Maschine angehn soll, wird der Kolben auf die halbe Hubhöhe gestellt und die beiden Ablaßhähne an den Enden des Cylinders geöffnet, worauf man durch das Regulatorventil den Dampf allmählig einströmen läßt. Erst nachdem die Schwungradwelle mehrere Umdrehungen gemacht hat, schließt man die beiden Hähne, schraubt nun das Regulatorventil ganz auf und überläßt die Ausgleichung der Geschwindigkeit dem Centrifugalregulator. Sobald die Maschine ihre Bewegung beginnt, ist die Speisepumpe zu prüfen. Man muß sich von dem constanten Wasserzufluß überzeugen, ehe noch viel Wasser verbraucht sein kann. Zu diesem Zweck öffnet man den Saughahn und ebenso einige Male den kleinen Probirhahn der Pumpe. Spritzt letzterer nicht bei jedem Kolbendruck Wasser aus, so schließt man abwechselnd beim Saugen des Kolbens mit dem Finger die Oeffnung des Probirhahnes, während man denselben beim Kolbendruck öffnet. Erfolgt auch hierdurch kein Ausspritzen des Speisewassers, sondern entweicht heißes Wasser oder Dampf, so sind die Ventile in Unordnung und müssen dieselben genau untersucht werden. In einem solchen Falle wird die Maschine außer Thätigkeit gesetzt, ohne den Dampf abzulassen. Man schließt den Hahn, welcher Kessel und Speisepumpe verbindet und schraubt die Bedeckungen eines oder beider Pumpenventile ab, welche man dann leicht reinigen und in Ordnung bringen kann. Die Maschine darf unter keiner Bedingung wieder in Gang gesetzt werden, bevor die

Ventilbedeckungen wieder aufgesetzt und der Communicationshahn zwischen Kessel und Speisepumpe geöffnet ist, weil sonst die Ventile oder Pumpe unfehlbar würden beschädigt werden.

Speisung des Kessels während des Ganges der Maschine. Es ist sehr zu wünschen, daß der Wasserzufluß zum Kessel möglichst konstant sei. Ein aufmerksamer Wärter findet sehr bald diejenige Stellung des Saughahns, bei welcher der Wasserzufluß grade so groß ist, daß der Wasserstand möglichst constant bleibt. Als durchaus verwerflich muß es bezeichnet werden, wenn die Pumpe abwechselnd gar nicht und dann wieder in voller Thätigkeit begriffen ist. Die Folge eines solchen Verfahrens ist eine unregelmäßige Dampfentwickelung und eine Vergeudung des Brennmaterials.

Das Heizen während der Arbeit der Maschine ist stets so zu leiten, daß das Feuer hell ist und gleichmäßig den Rost bedeckt, ohne daß das Brennmaterial eine größere Mächtigkeit als 3 Zoll hat. Es sind daher immer nur wenig Kohlen auf einmal, aber desto öfter nachzulegen. Wie oft dies erforderlich ist, richtet sich nach der Qualität der Kohlen und der auszuführenden Arbeit.

Das Wasser im Kessel darf während des Ganges der Maschine nie unter das mittlere, an der Glasröhre bezeichnete Niveau sinken. Sollte durch Unvorsichtigkeit der Wasserstand bedeutend niedriger geworden sein, so muß der Wärter unverzüglich das Feuer dadurch löschen, daß er die Roststäbe mittelst einer Zange oder einer anderen Vorrichtung aushebt und in den Wasserbehälter des Aschenkastens wirft. Auf diese Weise wird ein sofortiges Erlöschen des Brennmaterials erreicht. Nie ist aber das Feuer durch Aufgießen von Wasser zu dämpfen, da ein solches Verfahren die ganze Feuerbüchse gefährden und den Heizer verletzen kann. Ebenso darf die Maschine nicht früher angeheizt werden, ehe der Kessel bis zur richtigen Höhe mit Wasser gefüllt ist.

Vorsichtsmaßregeln. Während der Arbeit der Maschine müssen die Lager und die Führungsschlitten von Zeit zu Zeit untersucht werden, um sich zu überzeugen, ob die Schmierbüchsen der genannten Theile mit Oel hinreichend versehn sind. Es ist gut, die Führung zuweilen noch außer der regelmäßigen Versorgung ihrer Schmierbüchse mit etwas Oel zu versehn. Sobald die Maschine angehalten wird, prüfe man mit der Hand, ob die Lager sich warm gelaufen haben; diejenigen, bei denen dies der Fall ist, löse man ein wenig, jedoch nicht so stark, daß ein Schlagen oder Klappern eintreten könnte. Zuweilen erscheint es nöthig, die oberen Lagerpfannen ganz wegzunehmen und sie von Staub zu reinigen, welcher das Warmlaufen sehr befördert. Ganz besondere Aufmerksamkeit erfordern die Enden der Pleuelstange und die Lager der Kurbelwelle; während des Ganges schmiere man auch gelegentlich die Excentriks, deren Ringe beim Warmwerden etwas zu lösen sind. Ist eine Lagerschale abgenommen, so vermeide man beim Wiederaufsetzen sorgfältig ein zu starkes Anziehen derselben, weil hierbei die Erhitzung und starke Abnutzung der Lager unvermeidlich ist.

Transport der Maschine. Soll die Maschine nach vollbrachter Arbeit an einen andern Ort geschafft werden, so lasse man zuerst den Dampf abblasen und sodann das Wasser ausfließen. Es ist nachtheilig, das Wasser gleich nach dem Auslöschen des Feuers aus dem Kessel zu spritzen, weil ein zu rasches Abkühlen die Heizröhren leck macht. Ebenso wenig fülle man den Kessel von Neuem, wenn er noch sehr heiß ist. Bei einer sehr kurzen Strecke, namentlich wenn der Weg fest und eben ist, kann das Wasser in der Maschine verbleiben. Bei weiterem Transport und auf unebenen Wegen muß aber stets das Wasser vorher entfernt werden. Es ist dabei die Vorsichtsmaßregel zu treffen, daß man nicht die ganze Wassermenge auf die Stelle laufen läßt, wo die Maschine sich befindet, weil auf dem hierdurch erweichten Boden ein Einsinken oder gar Steckenbleiben der schweren Maschine zu befürchten ist. Deshalb öffne man den Abflußhahn des Wassers erst beim Beginne des Transports. Da durch die schüttelnde Bewegung beim Fortschaffen der Maschine die Roststäbe leicht herausfallen, so achte man hierauf besonders. Der Kugelregulator ist vor der Abfahrt abzunehmen, da derselbe durch starke Stöße leicht beschädigt werden kann. Man legt ihn, in Heu oder Stroh verpackt, am besten in die Rauchkammer. Vor einem weiteren Transport der Maschine nimmt man die Gestellräder ab, reinigt die Achsen derselben und schmiert sie sorgfältig. Die beste Schmiere wird zur Hälfte aus Oel und Talg bereitet. Während einer längeren Fahrt ist es außerdem rathsam, den Achsen von Zeit zu Zeit etwas Oel zuzuführen. Dies geschieht durch Kanäle, welche sich in den Naben der Räder befinden und durch kleine Schrauben geschlossen sind.

Das Reinigen. Nach beendigter Arbeit reibt man die Maschine gehörig mit Baumwolle ab, sodaß aller Staub und Schmutz, sowie das überflüssige Oel entfernt wird. Man läßt darauf den Schornstein nieder und hängt über die ganze Maschine eine getheerte Decke. Namentlich muß sie beim Transport gut bedeckt gehalten werden, um die Theile des Bewegungsmechanismus vor Staub zu schützen.

Das Auswaschen des Kessels wird in Zwischenräumen von 12—14 Arbeitstagen wiederholt. Beim Auswaschen öffne man die Klappen und Schmutzthüren an der Feuerbüchse und gieße durch die für den Fülltrichter bestimmte Oeffnung reichlich Wasser ein, während man mit einer eisernen Kratze Schmutz und Sedimente löst und herauszieht. Durch die Klappe, welche, von der Rauchkammer aus, einen Zugang zwischen und unter die Heizröhren erlaubt, reinigt man sowohl letztere wie auch die untere Kesselseite, während durch das Mannloch Wasser eingegossen wird. Beim Wiedereinsetzen der Klappen darf man die Schrauben nicht zu stark anziehn. Jede Schraube muß vor dem Anziehn mit dem Schlüssel wenigstens bis auf einige Gänge mit der Hand eingedreht werden.

Vorkehrungen bei längerm Unbenutztsein der Maschine. Soll dieselbe einen Monat oder noch länger nicht gebraucht werden, so nehme man den Cylinderdeckel ab, trockne den Cylinder sorgfältig aus und öle ihn gut ein. Damit sich das Oel in dem Cylinder und an dem Kolben gleichmäßig vertheile, drehe man das Schwungrad einige Male herum. Nun kann der Deckel wieder aufgesetzt werden, nachdem man seinen Rand, der Dichtung halber, mit etwas Mennigkitt versehn hat. Hierauf bestreiche man alle blanken Theile der Maschine mittelst eines Pinsels mit einer Mischung von Bleiweiß und heißem Talg. Endlich nehme man die Hanfpackung der Kolbenstange und des Pumpenkolbens aus den entsprechenden Stopfbüchsen, da sie leicht Veranlassung zum Einrosten geben können.

Die Erneuerung der Packungen ist eine schwer zu beschreibende Operation, die nur durch Anschauung und Uebung erlernt werden kann. Man darf dazu nur den besten weißen Hanf und Zwirn nehmen, welcher von allen harten Theilen frei sein muß. Der zur Packung bestimmte Hanf wird mit geschmolzenem Talg stark getränkt.

Das beste Schmiermittel ist gereinigtes Klauenfett auch kann, wenn dasselbe nicht zu beschaffen ist, Baumöl genommen werden. Niemals bringe man heißen Talg in den Cylinder, da dadurch viel Schmutz und Staub hineinkommt, der den Kolben und Cylinder leicht beschädigt.

Größere Reparaturen werden um so seltener, je aufmerksamer und sorgfältiger die Maschine behandelt wird. Man geht daher am sichersten, wenn man einem gewandten und zuverlässigen Manne, der in Kurzem eine praktische Einsicht in die Construction der Maschine gewinnen kann, zur Bedienung derselben verwende. Wegen der Feuergefährlichkeit ist Holz, des Funkensprühens halber, mit doppelter Vorsicht als Brennmaterial anzuwenden. Alle Werkzeuge, namentlich die Schraubenschlüssel müssen stets in dem dazu bestimmten Kasten zum Gebrauch fertig daliegen, überhaupt muß Alles stets rein und am rechten Orte sein.

Kleinere Reparaturen kommen am häufigsten an den Lagern der Pleuelstange und Kurbelwelle vor, ebenso müssen die Führungsschlitten öfter justirt werden. Alle diese Arbeiten sind leicht auszuführen. Niemals darf jedoch dem unkundigen Wärter erlaubt werden, Feile und Meißel zu gebrauchen, weil hieraus in der Regel Nachtheil erwächst. Dagegen ist es sehr rathsam, die Maschine zeitweise der Revision eines sachverständigen Maschinenbauers zu unterwerfen.

Die Benutzung der Dampfkraft für verschiedene Arbeiten.

Die Haupfaufgabe bei Einführung der Dampfmaschine in die Landwirthschaft besteht in einer langandauernden vielseitigen Benutzung derselben, weil nur hierdurch die darauf verwendete, immerhin bedeutende Kapitalanlage ausreichend verwerthet werden kann. Dieser Forderung stellen sich nun aber grade im landwirthschaftlichen Betriebe wegen des häufigen Wechsels der Arbeiten nach Zeit und Ort im Vergleich zu den meisten anderen gewerblichen Thätigkeiten ungleich größere Schwierigkeiten entgegen. Recht erfreulich ist daher die Wahrnehmung, daß in neuerer Zeit hinsichtlich der vielseitigen Verwendung der Dampfkraft wesentliche Fortschritte gemacht sind. Denn während früher die Dampfmaschine hauptsächlich nur zum Betriebe der Dreschapparate diente, sehen wir dieselbe jetzt für eine größere Zahl von Arbeiten im Gebrauch, ja man ist eifrigst damit beschäftigt, sie selbst für die Boden-Cultur dienstbar zu machen. Lassen wir diese letztere, vornehmlich noch in Versuchen bestehende Verwendung ganz unberücksichtigt, so ist erfahrungsmäßig die Dampfkraft schon jetzt im weitern landwirthschaftlichen Gebiete las Motor zur Ausführung folgender Arbeiten lohnend zu gebrauchen:

1. Dreschen und Reinigen des Getreides,
2. Schneiden des Strohs, Heus und Grünfutters,
3. Schneiden und Zerreiben des Wurzelwerks,
4. Brechen der Oelkuchen,
5. Mahlen des Getreides,
6. Schroten desselben,
7. Quetschen des Getreides und Leinsamens,
8. Pumpen des Wassers und der Jauche,
9. Zerkleinern der Knochen,
10. Sägen des Holzes,
11. Pressen der Mauersteine und Drainröhren, und
12. Dämpfen des Futters.

Um gleichzeitig mehrere der obigen Arbeiten ausführen zu können, werden bei der Einrichtung des Dampfbetriebes hierfür die nöthigen Vorkehrungen getroffen. Zu diesem Zweck dient bei der stehenden Dampfmaschine eine mit Riemscheiben versehene Transmissionswelle, welche durch das Gebäude, in welchem die landwirthschaftlichen Maschinen aufgestellt sind, hindurchgeht. Auch bei den Locomobilen läßt sich in den meisten Fällen die Kraftübertragung durch die Transmissionswelle erreichen. Außerdem aber sind dieselben gewöhnlich mit zwei oder mehreren Riemscheiben von verschiedener Größe versehn, so daß hierdurch gleichzeitig verschiedene Arbeiten unter verschiedenem Grade der Geschwindigkeit ausgeführt werden können.

Es dürfte hier der geeignetste Ort sein, die vervollkommneten Constructionen, sowie die Leistungen derjenigen landwirthschaftlichen Maschinen zu besprechen, zu deren Betrieb die Dampfkraft benutzt wird.

Wir beginnen mit den Dreschmaschinen. Zu den wesentlichen Verbesserungen derselben gehört die Verbindung der Reinigungs- und Strohschüttel-Apparate, sowie ihre Umänderung in transportable. Unter den auf vier Rädern befestigten Dreschmaschinen, welche sich mit zwei Pferden von Ort zu Ort transportiren lassen und für den Dampfbetrieb eingerichtet sind, haben in neuerer Zeit folgende *) besondern Ruf erworben:

1. Die transportable Dreschmaschine von Clayton und Shuttleworth zu Lincoln. Sie wird in verschiedener Größe von 4—8 Pferdekraft gefertigt. Bei den großen Maschinen von 8 Pferdekraft ist ein Apparat zum Sortiren der Köner in 3—4 Qualitäten angebracht. Mit Ausnahme der 3. und 4. Sorte, welche aus leichten, mit etwas Kaff vermengten Körnern besteht, wird die Frucht sogleich marktfähig hergestellt. Die tägliche Leistung der 6pferdigen Dreschmaschine beträgt 50 Quarters (400 Bushels) Weizen. Ihr Preis wechselt, je nach der verschiedenen Größe, von 90—128 *l*. Die

*) Eine genaue Beschreibung derselben wie auch der später erwähnten andern landwirthschaftlichen Maschinen findet sich in Dr. Hamms vorzüglichem Werke Ueber die landwirthschaftlichen Geräthe und Maschinen Englands. 2. Auflage. Braunschweig 1858.

Claytonsche Maschine erhielt auf der landwirthschaftlichen Ausstellung wiederholt den Preis, so zu Lincoln 1854 und zu Chester 1858.

2. Die transportable Bolting-Dreschmaschine von Hornsby in Grantham, ebenfalls mit Strohschüttel- und Reinigungsapparat versehn. Sie zeichnet sich dadurch besonders aus, daß sie außerordentlich rein drischt und das Stroh wenig bricht und verwirrt. Andererseits braucht sie einen verhältnißmäßig größern Kraftaufwand und steht hinsichtlich der Leistung der Shuttleworthschen etwas nach. Trotzdem wird die Hornsbysche Maschine sehr geschätzt; in der Ausstellung zu Carlisle 1855 errang sie den Sieg und zu Chester 1858 wurde sie lobend erwähnt. Der Preis der Maschine für 4 Pferdekraft beträgt 62 *l.*, für 6 Pferdekraft 67 *l.* und für 8 Pferdekraft 75 *l.*

3. Die transportable Dreschmaschine von Garrett und Sohn in Suxmundham, in der Construction der Hornsbyschen sehr ähnlich, dagegen einen etwas geringeren Kraftaufwand erfordernd. Als ein besonderer Vorzug dieser Maschine gilt, daß die Dampfkraft nicht direct auf die Dreschtrommel und von da aus auf die übrigen Theile geschieht, sondern zunächst auf eine an dem untern Theile der Maschine angebrachte Transmissionswelle. Hierdurch gewinnt die Maschine einmal eine größere Stabilität, sodann aber wird dadurch die Abnutzung sämmtlicher Achsenlager geringer und gleichmäßiger. Die Garrettsche Maschine wurde auf mehreren Ausstellungen besonders lobend erwähnt. Eine 4pferdige Maschine kostet 42 *l.* und eine zu 6 Pferdekraft 66 *l.*

4. Die transportable Dreschmaschine von Holmes und Sohn zu Norwich ist in den letzten Jahren mehr in Aufnahme gekommen. Sie drischt sehr rein und zerbricht das Stroh wenig. Auch diese Maschine wird in verschiedener Größe gefertigt. Der Preis derselben für 4 Pferdekraft ist 54 *l.* und für 6 Pferdekraft 62 *l.* Die durchschnittliche tägliche Leistung wird auf 40 Quarters (320 Bushels) Weizen angegeben.

Außer den genannten transportabeln Dreschmaschinen sind noch besonders die Ransomesche und Tuxfordsche zu erwähnen, welche bei gleichen Preisen hinsichtlich der Leistungen den vorgedachten fast gleichkommen. Von den obigen Fabriken werden auch feststehende, für den Dampfbetrieb eingerichtete Dreschmaschinen geliefert, die sich gleichfalls durch solide Construction auszeichnen, minder kostspielig sind und in ihren Leistungen den transpotabeln mindestens gleich stehn. Große Verbreitung haben namentlich die aus der Fabrik von Clayton und Shuttleworth gefunden. Die Claytonsche feststehende Dreschmaschine erhielt den Preis auf der Ausstellung zu Lincoln 1854, zu Carlisle 1855 und zu Chester 1858. Bei der letzteren Preisbewerbung wurde die Hornsbysche Maschine der Claytonschen gleichgestellt. Außer diesen ist die von Garrett construirte sehr beliebt.

Nach übereinstimmender Erfahrung wird beim Betriebe durch Dampfkraft wegen des stetigern Ganges der Maschine ein reinerer Ausdrusch der Frucht erzielt, als bei Anwendung des Pferdegöpels.

Was die Leistungen der Dampf-Dreschmaschine betrifft, so sind dieselben in den oben erwähnten Gütern wesentlich verschieden. Es darf dies jedoch nicht auffallen, wenn man die wechselnde Ergiebigkeit der Getreidefrucht, die mehr oder minder vollkommene Construction der angewandten Dreschapparate, die langsamere oder schnellere Bedienung derselben u. a. m. in Betracht zieht. Die wichtigeren, früher angegebenen Ausdrusch-Resultate sind in der folgenden Tabelle übersichtlich zusammengestellt:

Namen der Farm.	Pferdekraft der Dampf-Dresch-maschine.	Ausdrusch p. Tag Bushels Weizen.	Mithin täglicher Erdrusch für eine Pferdekraft Bushels Weizen.
Swanston	7	360	51,4
Phantasie-Farm . .	8	280	35,0
Edington-Mains . .	8	380	47,5
Coalston-Mains . .	6	280	46,6
Bonnington . . .	8	380	47,5
Long Niddry . . .	6	300	50,0
Kilpunt	6	320	53,3
Athelstaneford . . .	8	300	37,5
Castle Hill . . .	8	400	50,0
Lawrence-Cirencester .	6	240	40,0
Claremont-Farm . .	6	190	31,6
Westoning	8	440	55,0
Lidlington	6	200	33,3
Far-Cotton . . .	7	290	41,4
Mannor House . .	7	360	51,4
Kilkeny	4	240	60,0
Grove	6	320	53,3
Cranhams	4	200	50,0

Im Mittel 46,4 Bushels.

Es stellt sich hiernach die tägliche Leistung per Pferdekraft beim Weizen-Ausdrusch durchschnittlich auf 46,4 Bushel oder in runder Summe auf 30 Scheffel. Vergleicht man hiermit die neueren Angaben bewährter Autoritäten über die Leistungen der vervollkommneten Dampf-Dreschmaschinen, so sind diese erheblich höher. So berechnet der Ingenieur Robert Ritchie zu Edinburg den durchschnittlichen Ausdrusch einer 6pferdigen Dampf-Dreschmaschine per Stunde auf 32—40 Bushels Weizen also per Tag auf 320—400 Bushels, was auf die Pferdekraft im Mittel 56,6 Bushels oder c. 37 Scheffel ausmacht. Mr. James Ferguson zu Newcastle giebt ferner die Leistungen der feststehenden Dampf-Dreschmaschine für den Weizen-Ausdrusch bei 8stündiger Arbeit folgendermaßen an: bei einer

4pferd. Masch.	250 Bushels	oder per Pferdekraft	62,5	Bushels
6 „ „	350 „	„ „ „	58,3	„
8 „ „	420 „	„ „ „	52,5	„

also im Mittel dieser 3 Sätze. 57,7 Bushels oder c. 37½ Scheffel.

Berücksichtigt man bei der Feststellung der durchschnittlichen Leistung einer Dampf-Dreschmaschine, daß die verhältnißmäßig niedrigen Ausdrusch-Ergebnisse der Tabelle vorwaltend bei älteren, minder vollkommnen Maschinen gewonnen sind, so wird beim Weizen die durchschnittliche tägliche Leistung per Pferdekraft auf 54 Bushels oder in runder Summe auf 35 Scheffel angenommen werden können. Hiernach würde das tägliche Ausdruschquantum beim Weizen betragen:

bei einer 4pferdigen Maschine	216	Bushels oder	140	Scheffel
„ „ 6 „ „	324	„ „	210	„
„ „ 8 „ „	432	„ „	280	„

Wir haben in Vorstehendem nur den Weizen-Ausdrusch als Anhalt für die Beurtheilung der Leistungen der Dampf-Dreschmaschinen erwähnt, wonach sich unter Berücksichtigung der verhältnißmäßigen Ergiebigkeit anderer Fruchtgattungen die ungefähre Höhe des täglichen Ausdruschquantums auch für die anderen Gewächse leicht bemessen läßt.

Zur Ermittelung der wirklichen Ausdruschkosten per Bushel sind einmal die oben angegebenen Unterhaltungs- und Betriebskosten der Dampfmaschine, sowie die Ausgaben für die zur Bedienung des Dreschapparats nöthigen Leute zu berechnen. Da die Größe dieser Kosten theils von der längeren oder kürzeren Beschäftigungsdauer der Maschine, theils von lokalen Verhältnissen als dem schwierigeren oder leichteren Heranschaffen des Getreides 2c. abhängt und deshalb sehr wechselnd ist, so nehmen wir von der Aufstellung specieller Berechnungen Abstand. Nur soviel sei im Allgemeinen bemerkt, daß der Getreide-Ausdrusch durch Dampfkraft nach übereinstimmender Erfahrung sich erheblich billiger stellt, als beim Handdrusch und beim Pferdebetrieb. Zum Beleg hierfür verweise ich auf einzelne Angaben der früher beschriebenen Güter. So betragen in der Booth Ferry-Farm des Mr. Wells die Kosten des Ausdrusches und der Reinigung des Getreides bei Anwendung der Dampfkraft per Quarter (8 Bushels) 7½ *d.*, während dieselben früher bei Benutzung des Pferdegöpels sich auf 1 *s.* 7½ *d.* stellten. Mr. Thomas zu Lidlington giebt ferner die Dreschkosten bei Dampfbetrieb per Quarter auf 8 *d.* an und berechnet dieselben bei Anwendung des Pferdegöpels auf 2 *s.* 8 *d.*, beim Handdrusch dagegen auf 3 *s.* 4 *d.* bis 4 *s.* Auch in den schottischen Wirthschaften stellt sich, wie oben erwähnt, der Ausdrusch durch Dampfkraft wesentlich billiger. Mr. Hope zu Fenton-Barns z. B. berechnet die Dampf-Dreschkosten per Quarter beim Weizen zu 1 *s.* 4 *d.*, bei der Gerste 1 *s.* und beim Hafer zu 9 *d.*

Noch günstiger ist das Ergebniß der im Jahre 1851 zu Beverley geprüften, achtpferdigen Dampf-Dreschmaschine von Clayton und Shuttleworth. Nach dem officiellen Berichte lieferte dieselbe per Tag 50 Quarters marktfähigen Weizen. Die Kosten betrugen:

	l.	*s.*	*d.*
1 Mann bei der Dampfmaschine	*l.*	2 *s.*	6 *d.*
1 Mann zu Speisung der Dreschmaschine . . .	"	2 "	6 "
6 Männer à 1 *s.* 4 *d.*	"	8 "	— "
6 Frauen	"	4 "	— "
5 Centner Kohlen	"	5 "	— "
Zusammen	1 *l.*	2 *s.*	— *d.*
Hierzu für Zinsen und Abnutzung der Dampfmaschine	— *l.*	7 *s.*	— *d.*
In Summa	1 *l.*	9 *s.*	— *d.*

Bei der Vertheilung dieser Ausdruschkosten auf 50 Quarters kommt auf 1 Quarter der außerordentlich geringe Betrag von 7 *d.*

Für die Frage über die Kosten des verschiedenen Ausdrusches verdient ferner ein Bericht des Mr. Pusey *) Beachtnng, von welchem wir folgenden kurzen Auszug geben:

Mr. Pusey vergleicht die Druschkosten durch Flegel, durch Pferde- und durch Dampfkraft und nimmt bei Anwendung des Dreschflegels und des Pferdegöpels an, daß das Getreide aus den Feimen nach der Scheune herangefahren werde. Als Ausgaben der desfallsigen Anfuhr-Kosten für eine Weizenmiete zu 40 Quarters werden berechnet:

8 Mann à 1 *s.* 4 *d.*	10 *s.*	8 *d.*
1 Junge	— „	10 „
2 Pferde	6 „	— „
Zusammen	17 *s.*	6 *d.*

1. Der Preis des Handdrusches wechselt je nach der Ergiebigkeit des Getreides von 2 *s.* 6 *d.* bis 4 *s.* per Quarter, sodaß 3 *s.* als ein günstiger Durchschnittspreis zu betrachten ist. Enthält die Weizenmiete 40 Quarters und werden zu den Dreschkosten die Ausgaben für die Heranfuhr mit 17 *s.* 6 *d.* gerechnet, also 5 *d.* per Quarter, so stellen sich die gesammten Kosten beim Ausdrusch mit dem Flegel auf 3 *s.* 5 *d.* per Quarter.

2. Bei Anwendung einer gewöhnlichen vierpferdigen Dreschmaschine mit Pferdegöpel ist der durchschnittliche Ausdrusch per Tag auf 13 Quarters anzunehmen, so daß für die ganze Getreidemiete 3 Tage p. p. erforderlich sind.

Die täglichen Kosten betragen:

5 Männer à 1 *s.* 4	— *l.*	6 *s.*	8 *d.*
4 Frauen à 8 *d.*	— „	2 „	8 „
1 Junge	— „	— „	8 „
4 Pferde à 3 *s.*	— „	12 „	— „
Zusammen	1 *l.*	2 *s.*	— *d.*

*) Siehe Journal of the Royal agric. Society of England. v. XII. pag. 629.

Mithin für 3 Tage = ...	3 *l.*	6 *s.*	— *d.*
dazu die Kosten der Heranfuhr	— „	17 „	6 „
Im Ganzen	4 *l.*	3 *s.*	6 *d.*

Hiernach kostet der Ausdrusch beim Pferdebetrieb per Quarter in runder Summe 2 *s.*

3) Bei Anwendung der transportablen Dampfmaschine und der entsprechenden neueren Dresch-Apparate ist eine Getreidemiete von der angegebenen Größe in einem Tage bequem zu dreschen, wobei natürlich das Arbeitspersonal verhältnißmäßig verstärkt werden muß. Es sind statt 10 Arbeiter 16 erforderlich, die Kosten betragen:

1 Mann bei der Dampfmaschine	— *l.*	2 *s.*	6 *d.*
10 Männer à 1 *s.* 4 *d.*	— „	13 „	4 „
5 Frauen à 8 *d.*	— „	3 „	4 „
$3^1/_2$ Ctr. Kohlen	— „	3 „	6 „
Summe	1 *l.*	2 *s.*	8 *d.*
Rechnet man hierzu für Zinsen und Abnutzung der Dampfmaschine	— „	7 „	4 „
so stellen sich die Gesammtkosten auf . . .	1 *l.*	10 *s.*	— *d.*
oder per Quarter auf	— „	— „	9 „

Nach der vorstehenden Berechnung des Mr. Pusey, welche auf eigene Erfahrungen gestützt ist, stellen sich die Ausdruschkosten durch Dampfkraft per Quarter:

im Vergleich zum Handdrusch um	2 *s.*	8 *d.*
und bei Benutzung des Pferdegöpels um	1 „	3 „

niedriger. Die Ersparniß beim Dampfdrusch ist schon hierdurch auf ausgedehnten Gütern eine sehr bedeutende.

Die für eine größere Triebkraft eingerichteten Häckselschneidmaschinen sind gleichfalls wesentlich vervollkommnet worden. Die Verbesserungen bestehen hauptsächlich in einer größern Leistung der Maschinen, in einer leichten Stellung derselben zum Schnitt der Futtermittel zu verschiedener Länge und in den Vorkehrungen zur Verhütung von Unglücksfällen. Bei den häufigen Verletzungen, welche unvorsichtige Arbeiter bei der Bedienung der Häckselmaschinen erlitten, hat man namentlich in neuester Zeit auf die desfallsigen Sicherheits-Vorkehrungen besondere Sorgfalt verwendet. Dieselben bestehen in einem zur Seite der Maschine angebrachten Sicherheitshebel, gegen den der Arbeiter nur mit dem Fuße zu stoßen braucht, um die Speisewalzen sofort außer Thätigkeit zu setzen oder bei einzelnen Constructionen sogar, wie bei den von Smith und Ashby, Carson und Cornes ausgeführten, die entgegengesetzte Bewegung der Speisewalzen augenblicklich zu bewirken. Der Arbeiter wird bei einer solchen Einrichtung, selbst wenn er beim Einlegen seine Hand soweit vorschiebt, daß sie von dem gewaltsam vorgezogenen Stroh gefaßt und mitgezogen wird, der ihm drohenden Gefahr entgehn.

Unter den verbesserten größeren Häckselschneidmaschinen für Göpel oder Dampfkraft mögen folgende hier genannt werden:

1. Die Cornes'sche Maschine ist für den Dampfbetrieb am meisten verbreitet und zeichnet sich durch dauerhafte Construction und große Leistung aus. Sie wird in verschiedener Größe gefertigt, die größte Sorte kostet 13 *l.* Als Beweis für die Tüchtigkeit dieser Maschine sei angeführt, daß sie fast auf allen landwirthschaftlichen Ausstellungen den ersten Preis errang, 1853 zu Gloucester 1854 zu Lincoln, 1855 zu Carlisle und 1858 zu Chester.

2. Die Häckselmaschine von Smith in Stamford, in der Construction der Cornes'schen sehr ähnlich. Der Preis der größten Sorte ist 18 *l.*

3. Die Häckselmaschine von Ransome zu Ipswich ist besonders durch Einfachheit und Dauerhaftigkeit der Construction ausgezeichnet und sehr verbreitet. Sie kostet 10 *l.*

4. Die Häckselmaschine von Carson, durch eine bedeutende Leistungsfähigkeit ausgezeichnet. Auf der Ausstellung der Landwirthschafts-Gesellschaft von Bath und des Westen von England zu Cardiff 1859 errang dieselbe selbst vor der Cornes'schen den Preis. Sie kostet 13 *l.* 13 *s.*

5. Die Häckselmaschine von Richmond und Chandler zu Manchester hat in neuester Zeit eine große Verbreitung erlangt.

Außer ihrer einfachen nnd soliden Construction und großen Leistung zeichnet sich dieselbe ganz besonders durch die Form und Anordnung der Speisewalzen aus, welche selbst bei der stärksten Zuführung von verwirrtem Stroh oder Heu eine Hemmung des Betriebs verhindern, und dabei durch ein starkes Zusammenpressen des durchgehenden Dürrfutters das weichste Häckfel liefern. Die

Chandler'sche Maschine wird gleichfalls in verschiedenen Größen gefertigt, die für den Dampfbetrieb eingerichteten kosten $10^1/_3$—$15^3/_4$ *l.*

Bei den neueren Constructionen der Häckselmaschinen ist noch hervorzuheben, daß sie für das Schneiden nicht blos des glatten Langstrohs, sondern auch des Heus, Grünfutters und Wirrstrohs in gleich befriedigender Weise geeignet sind.

Die Uebertragung der Dampfkraft auf die Häckselmaschinen geschieht am zweckmäßigsten durch Treibriemen und Riemscheiben, wodurch ein sehr regelmäßiger Gang der Maschine erzielt wird.

Die große Leistungsfähigkeit der Häckselmaschinen wurde bereits oben angedeutet. Aus den früheren Mittheilungen über die einzelnen Güter entnehmen wir zunächst folgende Angaben:

In Castle-Hill liefert die Maschine bei einer Bedienung von 1 Mann und 1 Jungen in 3 Stunden soviel Häcksel, als in einer Woche für 50 Haupt Großvieh erforderlich ist.

In Lawrence's Farm zu Cirencester, wo auch das Heu geschnitten wird, giebt die Maschine in einem Tage den Bedarf an Heu- und Strohhäcksel für 48 Haupt Großvieh auf eine Woche. Zum Zutragen und Einlegen des Heus und Strohs sowie zum Fortschaffen des Häcksels sind 5 Personen nöthig.

In der Claremont-Farm wird gleichfalls sämmtliches Heu geschnitten. Bei einer Bedienung von 1 Mann und 2 Frauen liefert die Maschine in einem Tage den wöchentlichen Bedarf an Heu- und Strohhäcksel für 40 Haupt Vieh.

In der Far-Cotton-Farm beträgt die tägliche Leistung der Maschine an Häcksel soviel als auf eine Woche für 14 Pferde und 90 Ochsen nöthig ist.

In der Mannor-House-Farm wird in einem Tage der Bedarf von geschnittenem Heu- und Strohhäcksel für 9 Pferde und 30 Haupt Rindvieh auf 4 Tage gewonnen. Zum Zutragen und Einlegen des Strohs und Wegschaffen des Häcksels werden 1 Mann und 2 Frauen erfordert.

In der Ham-Farm ist die stündliche Leistung der Häckselmaschine 20 Centner.

Die vorstehenden Angaben können als sicherer Maßstab für die Leistungsfähigkeit der Häckselmaschinen allerdings nicht gelten, indem, mit Ausnahme einer Farm, das in einer bestimmten Zeit geschnittene Heu und Stroh dem Maß oder Gewichte nach in genauen Zahlen nicht mitgetheilt wurde, wohl aber dürften dieselben die große Leistungsfähigkeit dieser Maschinen im Allgemeinen vollkommen bestätigen. Die Verschiedenheiten der obigen Angaben finden in der mehr oder weniger vollkommenen Construction der Maschinen, wie in der größern oder geringern Verwendung der geschnittenen Futtermittel ihre hinlängliche Erklärung. Genaue Mittheilungen über die Leistungsfähigkeit in bestimmten Zahlen geben uns die Berichte von den Ausstellungen der landwirthschaftlichen Vereine, wo eine sorgfältige Prüfung der einzelnen landwirthschaftlichen Maschinen stattfand. Wir lassen hier nur die auf die Cornes'sche Häckselmaschine bezüglichen Prüfungs-Ergebnisse folgen.

Dieselbe lieferte beim Betriebe mit einer Pferdekraft per Stunde:

1853 zu Gloucester . . . . 1210 Pfd. $^3/_8$zölliges Häckfel.
1854 zu Lincoln . . . . . 1635 „ „ „
1855 zu Carlisle . . . . . 1485 „ „ „
1859 zu Cardiff . . . . . 1940 „ „ „
also im Durchschnitt 1567 Pfd. Häckfel.

Eine fast gleich große Leistungsfähigkeit besitzen die andern, obenerwähnten für den Dampfbetrieb eingerichteten Häckselmaschinen, sodaß unter Berücksichtigung der im Großen gemachten Erfahrungen die stündliche Leistung durchschnittlich mindestens auf 12 Ctr. angenommen werden kann.

Nicht ohne Interesse dürfte ein Vergleich der Leistungen der mit Dampfkraft und durch die Hand betriebenen Häckselmaschinen sein. In der Ausstellung zu Carlisle lieferte stündlich beim Betriebe durch einen Mann

die Cornes'sche Maschine . . 150 Pfd. Häckfel
die Richmond'sche „ . . 187 „ „
die Smith'sche „ . . 135 „ „
also im Mittel 157 Pfd.

Nehmen wir das stündliche Häckselquantum beim Handbetrieb in runder Summe zu $1^1/_2$ Ctr. und das beim Dampfbetrieb zu 12 Ctr. an, so wird durch letzteren in gleicher Zeit acht mal mehr geleistet. Die wirkliche Kostenersparniß ist in jedem besondern Falle leicht festzustellen, indem außer den Auslagen für die Dampfmaschine die Kosten der zur Bedienung der Häckselmaschine nöthigen Arbeiter, deren Zahl nach den lokalen Verhältnissen wechselt, in Berechnung gebracht werden.

Unter den Apparaten zum Schneiden und Zerreiben (Pulping) des Wurzelwerks sind in England folgende am verbreitetsten:

Gardener's Wurzelwerk-Schneidmaschine in der von Samuelson verbesserten Construction. Dieselbe trug auf fast allen Ausstellungen den Sieg davon. Sie wird in verschiedener Größe gefertigt, die für Handbetrieb bestimmte kostet 5 *l.* 10 *s.* und die für Göpel oder Dampfkraft 12 *l.* Auf der Ausstellung zu Chester machte jedoch derselben die Ransomesche Maschine den Rang streitig, indem letztere den Preis erhielt. Ihre Leistung war per Stunde

6290 Pfd. Rüben fein geschnitten für die Schaffütterung bei einer Kraftaufwande von 0,6 Pferdekraft, und

12400 „ „ in dicke Scheiben geschnitten für Ochsenfutter bei einem Kraftaufwand von 0,45 Pferdekraft.

Der Preis der Ransomeschen Maschine beträgt 8 *l.* 8 *s.*

Von den Mus- (Pulping) Maschinen, welche ein Zerreiben der Rüben bewirken, war früher die von Phillips construirte am meisten beliebt, sie wurde auch 1854 zu Lincoln und 1855 zu Carlisle prämirt. In neuerer Zeit ist dieselbe durch Bentall's Maschine bei Weitem übertroffen worden, außerdem aber haben die von Samuelson und Woods ausgeführten Constructionen Anerkennung gefunden. Auf der Ausstellung zu Chester erhielt Bentalls-Maschine den Preis.

Die daselbst vorgenommene Prüfung ergab folgende stündliche Leistung:

1. Bentall's Maschine bei einem Kraftaufwande von 1,66 Pferdekraft 9800 Pfd. Wurzelwerk.
2. Samuelson's Maschine bei einem Kraftaufwande von 1,35 Pferdekraft 6990 Pfd. Wurzelwerk.
3. Woods Maschine bei einem Kraftaufwande von 1,0 Pferdekraft 4955 Pfd. Wurzelwerk.

Bentall's Maschine, für Göpel oder Dampfkraft eingerichtet, kostet 8 *l.* 8 *s.*

In Uebereinstimmung mit den in größern Wirthschaften

gemachten Erfahrungen kann die durchschnittliche Leistung der für Dampfbetrieb eingerichteten Wurzelwerk-Schneidmaschine per Stunde auf 100—120 Ctr. und der Pulping- oder Mus-Maschine auf 50—70 Ctr. angenommen werden.

Die zum Zerkleinern der Oelkuchen dienenden Maschinen, die sogenannten Oelkuchenbrecher sind bei der ausgedehnten Anwendung dieses Futtermittels in den englischen Wirthschaften allgemein eingeführt und wesentlich vervollkommnet. Die Verbesserungen in der Construction bestehen nicht blos in einer außerordentlichen Leistungsfähigkeit, sondern namentlich auch darin, daß sie das Brechen der Oelkuchen in den verschiedensten Graden der Zertheilung von gröbern Stücken bis zu feinem Mehl bewirken. Unter den größern, für Göpel- oder Dampfbetrieb eingerichteten Oelkuchenbrechern hat besonders die von Garrett construirte Maschine großen Ruf erlangt. Dieselbe wurde auf den Ausstellungen zu Gloucester, Lincoln und Carlisle prämirt. Der Preis beträgt 11 *l.* Nächst dem Garrettschen Oelkuchenbrecher ist der Hornsbysche sehr verbreitet, welcher sogar ein größeres Arbeitsquantum liefert, aber in der Güte der Arbeit dem Garrett'schen nachsteht. Derselbe kostet 10 *l.* In neuester Zeit haben auch die Oelkuchenbrecher von Bentall und Nicholson vielfach Eingang gefunden. Sie wurden auf der Ausstellung zu Chester 1858 prämirt. Ersterer kostet nur 5 *l.* 5 *s.* Letzterer 5 *l.* 10 *s.*

Ueber die Leistungen der vorerwähnten Oelkuchenbrecher entnehmen wir den officiellen Ausstellungs-Berichten folgende Angaben:

Bei den Versuchen in Gloucester 1853 lieferte per Stunde bei einem Betriebe mit einer Pferdekraft

der Garrett'sche Oelkuchenbrecher . . 5940 Pfd. grob gekleinert.
" Hornsbysche " . . 6720 " " "

Bei der Prüfung zu Carlisle 1855 ergaben sich folgende Resultate der stündlichen Leistung:

der Garrettsche Oelkuchenbrecher 2618 Pfd. fein zertheilt zu Schaffutter und 3600 Pfd. als Rindviehfutter geignet.

der Hornsbysche Oelkuchenbrecher 3600 Pfd. fein zertheilt zu Schaffutter und 4692 Pfd. für Rindviehfutter.

In der Ausstellung zu Chester 1858 war die stündliche Leistung:

des Bentall'schen Oelkuchenbrechers bei
einem Kraftaufwande von 0,7 Pferdekr. 6495 Pfd.
des Nicholson'schen Oelkuchenbrechers bei
einem Kraftaufwande von 0,25 „ 2790 „
des Hornsby'schen Oelkuchenbrechers bei
einem Kraftaufwande von 0,5 „ 3030 „

Aus obigen Versuchen erhellt die große Leistungsfähigkeit der vervollkommneten Oelkuchenbrecher, welche durchschnittlich per Stunde bei gröberer Zerkleinerung der Kuchen mindestens auf 30 Ctr., bei feinerem Zerbrechen auf 20—25 Ctr. anzunehmen ist.

In der obigen Uebersicht derjenigen Arbeiten, für welche der Dampf als Triebkraft gebraucht wird, haben wir nach dem Oelkuchenbrechen das Mahlen, Schroten und Quetschen des Getreides aufgeführt. Die hierher gehörigen Apparate, namentlich die Mahl- und Schrotmühlen sind wegen ihres größeren Kraftaufwandes mit Vortheil eigentlich nur durch Göpel oder Dampfkraft zu betreiben. Auch selbst die Quetschmaschinen, welche die Körner nur zerdrücken, und deshalb verhältnißmäßig weniger Kraft beanspruchen, sind für den Handbetrieb nicht sehr geeignet, wenigstens ist ihre Leistung bei einer solchen Triebkraft gering.

Wir finden daher auch, daß erst nach der allgemeinern Einführung des Dampfes in die Landwirthschaft die in Rede stehenden Maschinen eine vielseitige Verwendung erhalten haben. Unter ihnen sind für die Zubereitung des Futterkorns die Quetschmaschinen die bei Weitem wichtigsten und verbreitetsten, weniger häufig werden die eigentlichen Mahl- und Schrotmühlen in den Wirthschaften Großbritanniens angetroffen, mit Ausnahme der schottischen Güter, wo sie jedoch auch nur dazu dienen, das für die Wirthschaft und die Arbeiter nöthige Brodmehl zu beschaffen. Ihre Construction bietet nichts Bemerkenswerthes dar. Auf den landwirthschaftlichen Ausstellungen sind dieselben niemals zahlreich vertreten gewesen. Zu Lincoln 1854 waren nur 2 Mühlen von Clayton und von Hayes ausgestellt. Nach den dort angestellten Versuchen betrug die stündliche Leistung an feinem Getreideschrot:

bei der Clayton'schen . . . . 252 Pfd.
bei der Hayes'schen . . . . 120 Pfd.

Es wurde der Clayton'schen Mühle der Preis zuerkannt. Sie kostet 48 *l.*, die Hayes'sche dagegen nur 25 *l.* 10 *s.*

Auf der Ausstellung zu Carlisle 1855 kamen vier Getreidemühlen zur Prüfung. Bei den Versuchen wurde Gerste (der Bushel zu 50 Pfd.) verwendet. Die Ergebnisse sind in Folgendem zusammengestellt:

Aussteller.	Zeit des Versuchs in Minuten.	Quantum des gemahlenen Getreides in Pfd.	Verbrauchter Kraftaufwand in Pferdekraft, während des Versuchs.	Stündliche Leistung per Pferdekraft. Bushels.	Preis der Mühlen.
Hayes	5	33½	8,46	0,95	26 *l.*
Clayton	5	27½	7,62	0,86	48 *l.*
Croskill	5	25½	5,29	1,15	55 *l*
Turner	5	21½	7,22	0,71	25 *l.*

Die Clayton'sche Mühle zeichnete sich durch eine große Stetigkeit und Regelmäßigkeit des Ganges aus, und lieferte ein feines Mehl. Zugleich ließ sie sich leicht für den verlangten Grad der Feinheit des Mehls stellen. Auch in dieser Ausstellung wurde dieselbe prämirt.

Es bleibt hier nur noch die von Garrett zu Chester 1858 ausgestellte Getreidemühle, welche bei den Versuchen stündlich 344 Pfd. feines Mehl lieferte, zu erwähnen übrig. Ihr Preis beträgt 59 *l.*

Zahlreich sind dagegen die neueren Constructionen der Quetschmaschinen für Getreide und Leinsamen, die je nach ihrer Stellung ein mehr oder minder starkes Zerdrücken und Zerreißen der Körner bewirken. Unter den für Hafer und Leinsamen geeigneten größeren Maschinen hat Turner's Quetschmühle die meiste Anerkennung und Verbreitung gefunden. Von den für das alleinige Quetschen des Hafers bestimmten Maschinen dagegen ist die Haferquetschmühle von Whitmee und Chapman besonders ausgezeichnet und namentlich für den Handbetrieb sehr verbreitet. Die Leistung der Chapman'schen Maschine für andere Früchte, namentlich Leinsamen, ist dagegen unbefriedigend.

Zum Brechen der Hülsenfrüchte besonders der Bohnen hat Biddel's Bohnenmühle den Vorrang unter allen anderen Constructionen. Beim Betrieb durch Göpel oder Dampfkraft verarbeitet sie stündlich 24 Bushels Pferdebohnen zu einem gleichmäßig zerkleinerten Futter.

Ueber die Leistungen der Korn- und Leinsamen-Quetschmaschinen mögen einzelne Prüfungs-Ergebnisse angeführt werden:

Zu Gloucester 1853.

Aussteller.	Pferdekraft.	Stündliche Leistung. Leinsamen. Pfd.	Hafer Pfd.	Preis der Maschine.
Stanley	1	215	248	13 *l.*
Ransome	1	304	480	12 *l.*
Turner	1	933	538	13 *l.* 13 *s.*

Turner's Maschine erhielt in dieser Ausstellung wie in der zu Lincoln und Carlisle den ersten Preis.

Zu Carlisle 1855.

Aussteller.	Stündliche Leistung Leinsamen. Pfd.	Hafer. Pfd.	Preis der Maschinen.
Turner	950	860	11 *l.* 11 *s.*
Stanley	909	585	11 „ 11 „
Ransome	452	273	10 „ 10 „
Woods	487	549	11 „ 11 „

Zu Chester 1858.

Aussteller.	20 Pfd.	Nothwendige Zeit zum Quetschen. Min.	Sek.	Kraftaufwand.	Preis der Maschinen.
Stanley	Leinsamen.	1	10	2,2	11 *l.*
	Hafer	1	55	3,0	
Samuelson	Leinsamen.	1	9	2,35	9 *l.*
	Hafer.	1	32	2,6	
Turner	Leinsamen.	1	30	—	13 *l.*
	Hafer.	1	33	—	
Ransome	Leinsamen.	1	14	1,7	10 *l.*
	Hafer.	1	28	2,6	
Woods	Leinsamen.	1	5	2,4	11 *l.* 11 *s.*
	Hafer.	1	20	2,7	

In der Ausstellung zu Chester wurde Turner's Maschine zum ersten Male geschlagen, indem der Ransome'schen der Preis zuerkannt wurde.

Die durchschnittliche Leistung der neueren Quetschmaschinen bei einem Betriebe mit einer Pferdekraft stellt sich per Stunde auf 500 Pfd. Getreidekörner und 800 Pfd. Leinsamen, womit auch die in den oben beschriebenen Wirthschaften angeführten Angaben übereinstimmen.

Unter den Maschinen und Apparaten, welche zur Ausführung der sonstigen obenerwähnten, durch Dampfkraft zu betreibenden Arbeiten dienen, mögen hier noch einzelne genannt werden.

Von den Knochenmühlen sind die von Croskill und von Fowler nnd Fry zu Bristol construirten besonders geschätzt. Croskill's Knochenmühle wurde zu Lincoln und Chester prämirt. Bei den zu Chester angestellten Versuchen lieferte dieselbe in 1 Minute 47 Sekunden 1 Ctr. 24 Pfd. Knochenmehl. Ihr Preis ist 75 *l.* Die tägliche Leistung der Fowler'schen Maschine dagegen beträgt in der Wirthschaft des Mr. Dewe zu Mannorhouse bei einer Betriebkraft von 5 Pferden 60 Ctr.

Für das Holzsägen ist in den englichen Wirthschaften die sogenannte Kreissäge sehr verbreitet. Man setzt dieselbe namentlich zu der Zeit in Betrieb, wenn keine anderen wichtigen landwirthschaftlichen Arbeiten vorliegen. Die Kreissäge eignet sich, nicht allein zum Schneiden von Brettern und sonstigen Tischler- und Zimmerarbeiten, sondern auch zum Zerkleinern des Brennholzes. Sie wird in verschiedener Größe gefertigt, wonach der Preis von 12—20 *l.* wechselt.

Unter den Ziegelmaschinen gilt die Clayton'sche für die beste. Bei einer Betriebkraft von 6 Pferden und einer Bedienung von 4 Männern und 2 Jungen liefert dieselbe in 12 Arbeitsstunden 15 - 20,000 Mauersteine. Ihr Preis ist 150 *l.*

Die Drainröhren-Presse von Whitehead ist unter den verschiedenen Constructionen am meisten verbreitet, und wurde derselben auf den meisten Ausstellungen der Preis zuerkannt. Sie wird in verschiedenen Größenverhältnissen angefertigt, die mittlere Sorte kostet 21 *l.* Bei den Versuchen zu Gloucester lieferte dieselbe in 5 Minuten 175 Röhren von 2 Zoll Durchmesser und 13½ Zoll Länge. Unter den für Göpel oder Dampfkraft eingerichteten verdient jedoch die Clayton'sche Maschine den Vorzug, die neben der

Anfertigung von Mauersteinen auch für Drainröhren angewendet werden kann.

Ueber die Apparate zum Dämpfen des Futters in Verbindung mit den stehenden Dampfmaschinen, welche sich durch Einfachheit auszeichnen, ist nichts Besonderes zu bemerken.

Ersparniß an Gespann- und Handarbeit.

Bei der Untersuchung über den Vortheil der Anwendung der Dampfkraft in der Landwirthschaft werden wir insbesondere auf die daraus hervorgehende Arbeitsersparniß sowohl an Gespann- wie Handkraft unser Augenmerk zu richten haben. Wir wollen dabei zunächst einen Blick auf die oben beschriebenen Güter werfen, das Verhältniß der dort verwendeten Spann- und Handkraft unter Berücksichtigung der Bodenbeschaffenheit und Wirthschaftsweise feststellen und mit andern Wirthschaften ohne Dampfbetrieb vergleichen.

Was die Größe der Gespannkraft betrifft, so geben wir von der Mehrzahl obiger Wirthschaften Seite 124 folgende übersichtliche Zusammenstellung.

Es kommen hiernach im Duchschnitt auf je 1 Ackerpferd 35½ Acres oder 53 Magdeburger Morgen. Mit diesem Zugvieh-Verhältniß stimmen auch die oben für die Grafschaft Haddington gemachten Angaben überein, wonach in den dortigen Wirthschaften im Mittel 1 Pferd auf je 35 Acres gehalten wird. Ziehen wir die fast durchgängig schwere Bodenbeschaffenheit der obenerwähnten Güter sowie die intensive Bewirthschaftung mit Drillcultur, starkem Hackfruchtbau u. s. w. in Betracht, so muß dieses Spannviehverhältniß als ein sehr geringes gelten, wie dies auch der Vergleich mit unseren Erfahrungssätzen vollkommen bestätigt. In deut-

Namen der Farm.	Flächeninhalt excl. Holzung, Acres.	Bodenbeschaffenheit.	Wirthschafts-System.	Gespann. Zahl der gehaltenen Pferde.	Mith. 1 Pferd auf wie viel Acres?	Bemerkungen.
Fenton-Barns Hauptgut nebst Vorwerk.	670	Klaiboden.	Fünf- und Sechsfeldersystem.	20	33,5	2 stehende 6pferdige Dampfmaschinen.
Swanston.	600	Sandiger Lehm bis Klaiboden.	Fünffelderwirthschaft.	18	33,3	Stehende Dampfmaschine von 7 Pferdekraft.
Phantasie Farm.	700	Vorwaltend Lehmboden.	Fünf- und Siebenfelderwirthschaft.	19	36,8	Stehende achtpferdige Dampfmaschine.
Edington - Mains 2 Farms à 600 Acres.	1200	Die eine Farm nur leichten Boden, die andere Klaibod.	Vier- u. Fünffelderwirthschaft.	24	50	Auf jedem Hofe eine 8pferdige Dampfmaschine.
Coalston-Mains.	560	Thonboden.	Sechsfelderwirthschaft.	19	30	6pferdige stehende Dampfmaschine.
Greenan.	400	Vorwaltend schwerer Boden.	Sechsfelderwirthschaft.	12	33,5	Stehende Dampfmaschine mit 10 Pferdekraft.
Long-Niddry 2 Farms à 300 Acres.	600	Lehmboden.	Sechsfelderwirthschaft.	22	30	Jede Farm besitzt eine 6pferdige Dampfmaschine.
Athelstaneford.	240	schwerer Klaiboden.	Sechsfelderwirthschaft.	9	26,6	8pferdige stehende Dampfmaschine.
High-Lethan.	290	Wechselnd von Klai- bis sandigerLehmboden.	Sechsfelderwirthschaft.	10	29	4pferdige stehende Dampfmaschine.
Castle-Hill.	209	Sandiger Lehm.	Vierfelder-System.	7	30	8pferdige stehende Dampfmaschine.
Lawrence Farm Cirencester.	260	Strenger Lehm.	Vierfelder-System.	8	32,5	Stehende 6pferdige Dampfmaschine.
Claremont.	200	Mittlerer Boden.	Vierfelder-System.	7	28,8	Stehende 6pferdige Dampfmaschine.
Far - Cotton 2 Farms zu 340 u. zu 360 Acres.	700	Guter Lehmboden.	Sechsfelderwirthchaft.	14	50	Lokomobile von 7 Pferdekraft.
Mannorhouse.	500	Vorwaltend sandiger Lehm.	Vierfelder-System.	9	55,5	Lokomobile von 7 Pferdekraft.
Ham-Farm.	355	Strenger Lehm.	Fünffelder-System.	10	35,5	Lokomobile von 5 Pferdekraft.

Mithin im Durchschnitt 1 Pferd auf je 35½ Acres.

schen Wirthschaften rechnet man bekanntlich bei intensiven Fruchtfolgen mit starkem Hackfruchtbau ein Ackerpferd:

bei schwer zu bearbeitendem Boden auf je	25—32	Mgd. Morgen
bei Mittelboden	33—40	„ „
und bei leichtem Boden . . .	40—50	„ „

Es würde sich hiernach eine erhebliche Ersparniß an Zugvieh in den mit Dampfbetrieb ausgerüsteten englischen Wirthschaften herausstellen. Bei dem Vergleiche müssen wir aber das der Ackerbestellung günstige englische Klima, sowie die großen Leistungen des dortigen, kräftig ernährten Zugviehs in Anschlag bringen. Allein trotzdem ist eine Ersparniß an Spannvieh nicht zu verkennen. So berichtet Mr. Walker zu Kilpunt, daß er in seiner 250 Acres enthaltenden Wirthschaft nach Einführung der Dampfmaschine den früheren Zugviehstand um 2 Pferde vermindern konnte. Ebenso hat Mr. Garn zu Kilkeny auf seinem 800 Acres großen Pachthofe durch Anwendung einer Lokomobile gegen früher 3 Pferde erspart, obgleich dieselbe an benachbarte Pächter noch vermiethet wird und z. B. im Jahre 1854 zum Getreide-Ausdrusch von 3000 Acres diente.

Diese Angaben, von deren Zuverlässigkeit wir vollkommen überzeugt sein können, dürfen jedoch keineswegs als allgemeiner Maßstab für die Verminderung des Zugviehs in den mit Dampfkraft ausgerüsteten Wirthschaften angesehn werden, indem hierauf mannigfache lokale Verhältnisse von Einfluß sind. Wenn auch die Benutzung der Dampfkraft zum Betriebe der verschiedensten landwirthschaftlichen Maschinen, z. B. allein schon beim Ausdrusch des Getreides viel Gespannkraft ersetzt, so ist damit keineswegs die Möglichkeit einer wesentlichen Verminderung des Zugviehstandes einer Wirthschaft ausgesprochen. Denn die Größe der Anspannung für einen regelrechten wirthschaftlichen Betrieb wird bekanntlich nach den Arbeiten der Frühjahrs- und Herbstbestellung bemessen, deren rechtzeitige Ausführung unter allen Verhältnissen festzuhalten ist. Eine Ersetzung des Zugviehs durch die Dampfmaschine für die Feldarbeiten aber ist bis jetzt wenigstens nicht vollkommen gelungen und deshalb eine *wesentliche Reduction* des für den Wirthschaftsbetrieb erforderlichen Spannviehs nicht anzunehmen. Hierin liegt vornehmlich auch der Grund, weshalb in England zur Zeit verdoppelte Anstrengungen zur Erfindung eines wirklich tauglichen und allgemein anwendbaren Dampfpfluges gemacht werden.

Dagegen ist die Ersparniß an Handarbeit, obgleich ebenfalls von lokalen Verhältnissen abhängig, nach Ausweis der vorher geschilderten großen Leistungen der durch Dampfkraft betriebenen landwirthschaftlichen Maschinen unter allen Umständen bedeutend. Eine 6pferdige Dampf-Dreschmaschine lieferte z. B. bei einer Bedienung von 10—12 Arbeitern täglich bequem 200 Scheffel Wintergetreide oder 3—400 Scheffel Sommerfrucht, wobei also im Vergleich zum Flegeldrusch mindestens $^2/_3$ — $^3/_4$ Handarbeitskraft erspart wird. In den früher mitgetheilten Vergleichen der mit Dampfkraft und durch die Hand betriebenen Häckselmaschinen sahen wir, daß durch ersteren Betrieb in gleicher Zeit 8mal so viel geleistet wird, als durch die Hand. Zur Feststellung der wirklichen Handarbeits-Ersparniß müssen wir dabei jedoch in Betracht ziehn, daß zur Bedienung der Dampf-Häckselmaschine mindestens das doppelte Arbeitspersonal nöthig ist. Ebenso wird bei den durch Dampf betriebenen Maschinen zum Schneiden des Wurzelwerks, Brechen der Oelkuchen, Schroten und Quetschen des Getreides u. s. w. viel Arbeitskraft erübrigt. Die Höhe der gesammten Ersparniß an Handarbeit erscheint erst dann im rechten Lichte, wenn man berücksichtigt, daß die meisten der obigen Arbeiten längere Zeit hindurch regelmäßig in der Wirthschaft zur Ausführung kommen. In den oben beschriebenen Gütern wurden einzelne Angaben über die Handarbeits-Ersparniß gemacht. So haben sich in der Booth-Ferry-Farm seit der Einführung der Dampfmaschine die Ausgaben für Handarbeit um 20% vermindert. Mr. Thomas zu Lidlington berichtet, daß in seiner 740 Acres enthaltenden Farm durch die vielseitige Verwendung der Dampfkraft nach mehrjährigem Durchschnitt die Arbeitskosten um 200 *l.* per Jahr geringer seien. In der 800 Acres großen Kilkeny-Farm des Mr. Garn sind ferner durch die Einführung der Lokomobile 4 Arbeiter erübrigt worden.

Wir unterlassen es, hier noch weitere Angaben über wirklich erzielte Handarbeits-Ersparnisse anderer Wirthschaften mitzutheilen, da dieselben, von den lokalen Verhältnissen mehr oder weniger abhängig, doch nicht als allgemeine Norm dienen können und wenden uns sogleich zu der Frage, ob überhaupt in den Wirthschaften Großbritanniens, wie man erwarten sollte, der Verbrauch an Handarbeitskraft seit Einführung der Dampfmaschine sich wesentlich vermindert habe. Bei einer Rundschau des dortigen Wirthschaftsbetriebes ist im Ganzen und Großen dies durchaus nicht der Fall, vielmehr nehmen wir wahr, daß bei der gesteigerten Intensität des Betriebes die durch Dampfkraft bei einzelnen Beschäftigungen erübrigten Arbeiter eine anderweitige lohnende Verwendung in der Wirthschaft finden. Zum Beleg dafür, daß die Verwendung an Handarbeit in jenen Wirthschaften trotz der vielseitigen Benutzung der Dampfmaschine eine starke ist, mögen hier nur die jährlichen Ausgaben an Löhnen von einem schottischen Pachthofe, wo bekanntlich ein sparsamer, haushälterischer Sinn in allen Dingen waltet, angeführt werden.

In Fenton-Barns mit einem Areal von 670 Acres belaufen sich im mehrjährigen Durchschnitt die Ausgaben:

	1) an Lohn und Unterhaltungskosten für 14 ständige Arbeiterfamilien à 30 *l.* jährlich . . .	420 *l.*
	2) an laufenden Tagelöhnen	400 „
und	3) an Erntekosten extra	200 „
	Zusammen	1020 *l.*

mithin per Acre 1 *l.* 10 *s.* oder per Mgdb. Morgen 6 Thlr. 20 Sgr. Dabei ist zu bemerken, daß diese gewiß bedeutende Ausgabe für Handarbeit in einer Wirthschaft stattfindet, wo ein Pachtgeld von $3\frac{1}{2}$ *l.* per Acre oder $15\frac{1}{2}$ Thlr. per Morgen gezahlt wird.

Auf die Frage, inwieweit die Handarbeit in der Landwirthschaft durch Dampfkraft lohnend zu ersetzen sei, haben die Arbeiter-Verhältnisse der Gegend den wichtigsten Einfluß, ja man kann behaupten, daß hiervon im Ganzen der größere oder geringere Vortheil des Dampfbetriebes hauptsächlich mit abhängt. Wir müssen uns hierbei die Ungleichheit des wirthschaftlichen Arbeitsbedarfs in den verschiedenen Jahreszeiten vergegenwärtigen. Während in fast allen andern Gewerbsbetrieben dasselbe Maß von Arbeit das ganze Jahr hindurch zu leisten ist, wechselt in der Landwirthschaft der Bedarf an Arbeitskraft in den verschiedeuen Zeiten um mehr als die Hälfte. Dabei kommt weiter in Betracht, daß viele der durch Dampfkraft auszuführenden Arbeiten als Dreschen, Zubereitung der Futtermittel 2c. grade auf den Winter, also auf eine Zeit fallen, wo die Beschäftigung auf dem Felde ruht, und die andern an und für sich schon beschränkten Wirthschafts-Arbeiten für die regelmäßige Beschäftigung des ständigen Arbeitspersonals bei einer gewöhnlichen, mehr extensiven Wirthschaftsweise kaum ausreichen, jedenfalls aber ein Ersatz desselben durch Dampfkraft kein dringendes Bedürfniß ist. Es folgt daraus, daß, wie überhaupt der Landwirthschaftsbetrieb, so insbesondere die Anwendung der Dampfmaschine dort am lohnendsten sein wird, wo bei einer dichten Bevölkerung dem augenblicklichen Arbeitsbedürfnisse durch den freien Taglöhner, der jeden Tag angenommen und entlassen werden kann, zu entsprechen ist. Andererseits wird der Vortheil des Dampfbetriebes sich in dem Grade vermindern, als man genöthigt ist, die für die Wirthschaft erforderliche Arbeitskraft durch ständige, in Wohnungen gesetzte Tagelöhner sich zu sichern, deren gleichmäßige Beschäftigung durch's ganze Jahr der Gutsherrschaft obliegt.

Wie sind nun die Arbeiter-Verhältnisse in den englischen und schottischen Wirthschaften? Wir treffen hier allgemein die Einrichtung, daß eine der Größe des Gutes angemessene, geringere Anzahl ständiger Tagelöhnerfamilien auf ein Jahr angenommen ist, wobei der Gutsherr oder der Pächter die Verpflichtung übernimmt, den Männern regelmäßig Arbeit während des ganzen Jahres zu geben. Die Lohnverhältnisse selbst sind sehr verschieden. In England wird in der Regel den Arbeitern ausschließlich Wochen- oder Tagelohn in Geld gegeben und die zum Gute gehörigen Tagelöhner-Wohnungen gegen eine geringe Miethe überlassen. In Schottland dagegen erhält gewöhnlich der Tagelöhner freie Wohnung, ein Stück Gartenland, entsprechendes Deputat an Getreide, Kartoffeln 2c. und daneben einen geringen Geldlohn. Wir können diese Stellung der Arbeiterfamilien mit der bei uns in vielen Gegenden üblichen, unter dem Namen des Hofetagelöhners, Gärtners oder Kathenmannes, am besten vergleichen. Neben den ständigen Tagelöhnern werden Arbeiter aus den nächsten größeren oder kleineren Ortschaften (unsere freien Tagelöhner) für kürzere oder längere Zeit, wie es die Wirthschaftsgeschäfte erheischen, gegen Tagelohn oder auch gegen Accordsatz beschäftigt und endlich benutzt man, namentlich in größeren Wirthschaften für die Ernte auch sogenannte wandernde Arbeiter, was meist Irländer sind. Dieser Einrichtung entsprechend finden wir z. B. in der oben erwähnten Wirthschaft zu Fenton-Barns die Haltung von 14 ständigen Arbeiterfamilien und außerdem die Ausgabe von laufenden Tagelöhnen an zeitweise beschäftigte Arbeiter zu 400 *l.* und für die Hülfe in der Ernte 200 *l.* an wandernde Arbeiter.

Die Anwendung der Dampfkraft in den Wirthschaften Großbritanniens findet der obigen Betrachtung zufolge keineswegs unter den günstigsten Arbeiter-Verhältnissen statt.

Ueber die Größe der Güter, bei welcher der Dampfbetrieb noch lohnt.

Ein hohes praktisches Interesse hat es, die geringste Ausdehnung einer Wirthschaft zu kennen, für welche die Anwendung der Dampfkraft noch vortheilhaft ist. Wir sehen bei dieser Frage von dem miethweisen Gebrauch der Dampfmaschine ganz ab, indem dieser selbst auf den kleinsten Farms, namentlich für den Ausdrusch der Ernte mit Nutzen stattfinden kann. Es handelt sich vielmehr hier um die Bestimmung der geringsten Guts-Ausdehnung, bei welcher die eigene Anschaffung einer Dampfmaschine und die ausschließliche Benutzung derselben auf dem Gute selbst noch als lohnend anzusehn ist. Bei dieser Untersuchung ist vor Allem auch die Dauer der Benutzung der Dampfkraft zu berücksichtigen. Denn es bewahrheitet sich hier in recht schlagender Weise der bekannte Satz, daß jede Maschine, ja jedes Geräth um so billiger und um so vortheilhafter zu stehn kommt, je andauernder es gebraucht wird. Die vielseitige und andauernde Verwendung der Dampfmaschine hängt nun vornehmlich nächst der Größe von der Art des Wirthschaftsbetriebes ab. Der verschiedene Gebrauch sowie ihre Leistungen wurden früher besprochen. Wir sahen dabei das eifrige Bestreben englischer und schottischer Landwirthe, die vielseitige Benutzung der Dampfmaschine soweit auszudehnen, daß sie selbst für die eigentliche Ackerbestellung tauglich werde. Denn hierdurch wird nicht allein der Vortheil auf größern Gütern steigen, sondern auf diese Weise erscheint auch die allgemeine Einführung der Dampfkraft selbst auf Farms von geringer Ausdehnung erreichbar.

Gehen wir jetzt dazu über, die oben beschriebenen Wirthschaften in Bezug auf diese Gesichtspunkte zu prüfen. Was die schottischen Güter betrifft, deren Betrieb bei einem starken Futter- namentlich Hackfruchtbau, hauptsächlich auf Viehmast gerichtet ist, so können wir dieselben in folgende Gruppen unterscheiden:

4 Wirthschaften mit einem Areal von 6—700 Acres (Swanston, Phantasie F., Edington-Mains und Hall), die daselbst errichteten stehenden Dampfmaschinen sind von 6—8 Pferdekraft und dienen für die verschiedensten Arbeiten: Dreschen, Häcksel- und Wurzelwerkschneiden, Mahlen, Schroten und Quetschen des Getreides und Dämpfen des Futters, mit Ausnahme von Edington Hall, wo die 8pferdige Dampfmaschine nur zum Getreide-Ausdrusch benutzt wird.

2 Güter mit einem Areal von 400—600 Acres (Coalston-Mains mit einer 6pferdigen Dampfmaschine und Greenan mit einer 10pferdigen), die Dampfkraft erhält hier die eben angegebene vielseitige Verwendung.

3 Güter mit einer Fläche von 300—400 Acres (Fenton-Barns, Hauptgut mit Vorwerk, und Bonnington). Die stehenden Dampfmaschinen haben 6—8 Pferdekraft und dienen für die verschiedenen Arbeiten.

6 Güter von 200—300 Acres Areal (Long Niddry 2 Farms, Kilpunt, Athelstaneford, High-Lethan und Castle-Hill). Eine vielseitige Verwendung der Dampfkraft findet nicht auf allen Gütern statt, nämlich in 2 Wirthschaften (Kilpunt mit 6pferdiger Dampfmaschine und Hig-Lethan mit 4pferdiger M.) ausschließlich für den Getreide-Ausdrusch, in 3 Gütern (in den beiden Höfen zu Fenton-Burns und Athelstaneford) für das Dreschen, Mahlen und Schroten des Getreides und nur auf einem Gute (Castle-Hill) für die verschiedensten Arbeiten.

1 Gut (Foulden) 140 Acres groß, mit einer stehenden Dampfmaschine von 5 Pferdekraft für die verschiedenen Zwecke.

1 Gut (Canning-Park) 50 Acres enthaltend, mit einer 3pferdigen Dampfmaschine für die angegebenen Arbeiten und außerdem zum Betriebe der flüssigen Düngung.

Die oben beschriebenen englischen Güter, deren Bewirthschaftung in der Hauptsache, starkem Futterbau und Viehmast, mit den schottischen übereinstimmt, scheiden sich hinsichtlich der Größe des Areals, wie folgt:

4 Güter mit einer Fläche von 700—800 Acres, (Westoning, Booth-Ferry, Lidlington und Kilkeny, und zwar die ersten 3 Wirthschaften mit stehenden Dampfmaschinen von 6—8 Pferdekraft, die letztere mit einer 4pferdigen Lokomobile). Die Dampfkraft ist für die verschiedenen Arbeiten in Anwendung, nur in Kilkeny ausschließlich für den Ausdrusch.

1 Gut von 500 Acres Areal (Mannorhouse) mit einer 7pferdigen Lokomobile zum Betriebe der gewöhnlichen Arbeiten und außerdem für die Knochenmühle.

3 Güter zu 350 Acres (Far-Cotton und Ham-Farm), die Lokomobile von 7 Pferdekraft in Far-Cotton dient für den Ausdrusch und die Zubereitung der Futtermittel. Die 5pferdige Lokomobile in der Ham-Farm dagegen wird außerdem noch zum Ausdrusch des Getreides 2c. vermiethet.

4 Güter von 200—300 Acres (Lawrence-Cirencester, Claremont, Windy und Torplands). Sechspferdige stehende Dampfmaschinen für die verschiedenen oben angegebenen Arbeiten.

1 Gut zu 90 Acres (Cassiobury). Die vierpferdige stehende Dampfmaschine wird für den Getreide-Ausdrusch, die Zubereitung des Futters und für die Zwecke der flüssigen Düngung verwendet.

Aus der vorstehenden Uebersicht ergiebt sich:

1) daß der Dampfbetrieb auf größern, mittleren und kleineren Gütern mit einem Areal von 800 Acres bis zu 50 Acres herab Eingang gefunden hat,

und 2) daß die Verwendung der Dampfkraft in den Wirthschaften sehr verschieden ist, indem sie in einzelnen Fällen ausschließlich nur für den Getreide-Ausdrusch dient, vorwaltend aber für die verschiedensten landwirthschaftlichen Arbeiten benutzt wird.

Der auf den Ausdrusch beschränkte Gebrauch der Dampfkraft findet sich unter den oben zusammengestellten 30 Gütern nur in 3 Wirthschaften (Kilkeny von 800 Acres mit einer 4pferdigen Lokomobile, Edington-Hall zu 600 Acres mit einer 8pferdigen stehenden Dampfmaschine und Kilpunt zu 250 Acres mit einer stehenden Dampfmaschine von 6 Pferdekraft). In den übrigen Wirthschaften, namentlich in den mit 200—300 Acres Areal wird die Dampfkraft, außer zum Dreschen, auch für das Häcksel- und Wurzelwerkschneiden, Mahlen, Schroten und Quetschen des Getreides und Dämpfen des Futters gebraucht. Die vielseitigste Benutzung aber findet auf den Gütern mit dem kleinsten Areal (Cassiobury zu 90 Acres mit einer 4pferdigen Dampfmaschine und Canning Park zu 50 Acres mit einer 3pferdigen Maschine) statt, indem hier die Dampfkraft neben den gewöhnlichen Arbeiten auch zum Betriebe der Pumpen für die flüssige Düngung verwendet wird.

Die Mittheilungen über die wirkliche Betriebsdauer der Dampfmaschinen in den oben beschriebenen Wirthschaften sind sehr beschränkt. Unter denselben verdient aber die Angabe des Mr. Walker zu Kilpunt, für die Beurtheilung des Vortheils des Dampfbetriebes ganz besondere Beachtung. Nach der früheren Beschreibung enthält jener Hof 250 Acres zu einem Pachtschilling von 3 *l.* per Acre. Von dem Areal sind $^2/_3$ dem Getreidebau gewidmet und wird die stehende 6pferdige Dampfmaschine ausschließlich für den Ausdrusch benutzt. Mr. Walker gebraucht dieselbe 4—6 Stunden wöchentlich während 7—8 Monate und während eines Monats nach der Ernte 8—9 Stunden in der Woche, so daß die ganze Betriebszeit sich auf 180—200 Stunden im Jahre beläuft. Den Arbeitstag nur zu 8 Stunden angenommen, würde somit die Dampfmaschine zu Kilpunt bei voller regelmäßiger Arbeit im Höchsten 25 ganze Tage, also noch nicht einen Monat, beschäftigt sein und dennoch findet Mr. Walker schon bei dieser kurzen Zeit der Benutzung seine Rechnung.

In der bei Weitem überwiegenden Zahl von Gütern wird die Dampfmaschine, wie schon gesagt, außer zum Ausdrusch des Getreides für andere Arbeiten, namentlich für die Zubereitung des Viehfutters verwendet und dadurch die Betriebszeit bedeutend verlängert. Da die Leistungen der Dampfmaschinen bei den verschiedenen Arbeiten bekannt sind, so läßt sich ihre Beschäftigungsdauer in jedem besonderen Falle genau feststellen; allgemein gültige Angaben sind bei der Verschiedenheit der wirthschaftlichen Verhältnisse nicht zu machen. Im Großen und Ganzen darf man jedoch bei einer Gutsausdehnung von 200—300 Acres (300—450 Morgen), eine intensive Bewirthschaftung und vielseitige Benutzung der Dampfkraft zum Dreschen, Häckfel- und Wurzelwerkschneiden, Oelkuchenbrechen, Mahlen und Schroten des Getreides, Pumpen des Wassers 2c. vorausgesetzt, die jährliche Beschäftigungsdauer einer 4pferdigen Dampfmaschine mindestens auf 100—150 Tage annehmen.

Soweit sich endlich überhaupt allgemein gültige Angaben über die geringste Gutsausdehnung, bei welcher die Dampfkraft noch lohnt, aufstellen lassen, so ist unter Berücksichtigung der oben angeführten Güter ein Areal von 200 Acres (300 Morgen) bei intensivem Betrieb als ausreichend zu betrachten. In einzelnen Wirthschaften ist die Anwendung der Dampfkraft bei einem erheblich geringeren Areal bis zu 100 Acres und weiter herab sogar noch mit Vortheil durchgeführt. Im Allgemeinen wird jedoch für den Kleinbetrieb nur der miethweise Gebrauch der Dampfmaschine als vortheilhaft zu betrachten sein. Es tritt uns zwar in Großbritannien häufig die Behauptung entgegen, daß die Benutzung einer eigenen Dampfmaschine auf Gütern von 100 Acres und darunter immer noch lohnend sei, und es werden zum Beweise dafür vielfache Berechnungen aufgestellt. Wir wollen als Beispiel nur die Berechnung des Ingenieurs Morshead im Folgenden mittheilen *). Gesetzt das Gut enthalte 300 Acres, wovon 200 Acres mit Getreide bestellt werden und der durchschnittliche Ertrag sei 30 Bushels per Acre, so würde das jährliche Getreide-Erzeugniß 6000 Bushels oder in 50 Jahren 300,000 Bushels betragen. Nach den durchschnittlichen Leistungen fände eine stehende 6pferdige Dampf-Dreschmaschine hierbei 1250 Tage zu 8 Arbeitsstunden gerechnet Beschäftigung. Der Kohlenbedarf würde 291 Tonnen und die Ausgaben für den Maschinisten (18 *s.* per Woche) 187 *l.* 10 *s.* betragen. Eine solid construirte stehende Dampfmaschine könnte bei sorgsamer

*) Siehe Journal of the Bath and West of England Society Vol. IV. p. 49.

Bedienung 50 Jahre aushalten, in welcher Zeit nur ein neuer Kessel zu ersetzen sei. Die Ausgaben hierfür wie die nöthigen Reparaturkosten wären auf 60 *l.* zu veranschlagen.

Die Kosten des Ausdrusches durch eine 6pferdige stehende Dampfmaschine während 50 Jahren würden sich hiernach folgendermaßen stellen:

Kosten der Maschine	130 *l.*	— *s.*	— *d.*
Kosten des Maschinenhauses . . .	100 „	— „	— „
Zinsen des Anlagekapitals zu 4% .	460 „	— „	— „
Kosten und Zinsen für verbrauchte Kohlen, 18 *s.* per Tonne . . .	261 „	9 „	— „
Für Bedienung der Dampfmaschine .	187 „	10 „	— „
Kosten eines neuen Kessels, der Reparaturen und der Schmiere .	60 „	— „	— „
Für die Bedienung der Dreschmaschine	350 „	— „	— „
	1548 „	19 „	— „
Davon ab:			
Für den Werth des alten Maschinenhauses 50 *l.* — *s.* — *d.*			
Desgleichen der Maschine als altes Material 10 „ — „ — „	60 „	— „	— „
Mithin die Gesammtkosten	1488 *l.*	19 *s.*	— *d.*

Der Vergleich des Dampfdrusches mit dem durch Pferdekraft hat insofern einige Schwierigkeit, als die Kosten der Dampfmaschine nur für die Zeit ihres wirklichen Betriebes zu berechnen sind, wohingegen die Ausgaben für die Unterhaltung des Gespanns ziemlich gleich bleiben, mag dasselbe beschäftigt sein oder nicht. Es kommen bei der Kostenaufstellung in Betracht

1) die Ausgaben für das Göpelwerk, für die Unterhaltung des Gespanns und die Bedienung der Dreschmaschine

und 2) die Ersparniß der durch den Dampfbetrieb erübrigten Pferdekraft.

In letzterer Hinsicht nimmt Morshead als Erfahrungssatz an, daß auf Gütern mit 200 Acres Getreidefrüchten durch die Einführung der Dampfmaschine der Zugviehstand mindestens um 1 Pferd vermindert werden könne und setzt für einen Zeitraum von 50 Jahren, bei einer durchschnittlichen Diensttauglichkeit von 10 Jahren die Zahl der erübrigten Pferde auf 5. Der Preis eines Ackerpferdes wird zu 20 *l.* und die jährlichen Unterhaltungskosten incl. Geschirr, Hufbeschlag ꝛc. auf 30 *l.* berechnet.

In Bezug auf die unter 1 angegebenen Ausgaben wird angenommen, daß ein solid construirter Göpel bei sorgfältiger Unterhaltung 50 Jahre aushält und daß der Werth desselben nach dieser Zeit als altes Material die etwaigen Reparaturen und die Kosten der Schmiere deckt. Es wird weiter vorausgesetzt, daß der Getreide-Ausdrusch durch Göpelbetrieb 75 Tage à 8 Arbeitsstunden jährlich in Anspruch nimmt, wobei die Kosten der Bedienung per Woche 1 *l.* 10 *s.*, nämlich ein Junge zum Treiben der Pferde zu 5 *s.* und 2 Männer und 2 Frauen für die Dreschmaschine à 10 *s.* und 5 *s.*, betragen.

Es berechnen sich nun hiernach die Gesammtkosten beim Göpelbetrieb während des Zeitraums von 50 Jahren, wie folgt:

Kosten des Pferdegöpels	25 *l.*	— *s.*	— *d.*
Zinsen des Anschaffungskapitals zu 4%	50 „	— „	— „
Arbeitskosten	1075 „	— „	— „
	1150 *l.*	— „	— „
Hierzu kommen die Beträge für Anschaffung und Unterhaltung der während 50 Jahren durch die Dampfkraft ersparten 5 Pferde, nämlich:			
Preis der Pferde à 20 *l.*	100 „	— „	— „
Zinsen des Anschaffungskapitals à 4% *)	120 „	— „	— „
Unterhaltungskosten 30 *l.* per Jahr .	1500 „	— „	— „
Mithin die Gesammtkosten	2870 *l.*	— „	— „

Mr. Morshead berechnet endlich die Ausdruschkosten bei Anwendung einer Lokomobile, deren Dauer auf 25 Jahre gesetzt wird, während des Zeitraums von 50 Jahren folgendermaßen:

*) Die Zinsen des Ankaufspreises des ersten Pferdes von 20 *l.* à 4% für 50 Jahre = 40 *l.*, die des zweiten Pferdes nur für 40 Jahre u. s. w. zusammen 120 *l.*

Kosten von 2 Lokomobilen	380 *l.*
Zinsen des Anschaffungskapitals der ersten Maschine à 4%	380 „
Desgleichen für die zweite Lokomobile	190 „
Kohlen-Verbrauch	260 „
Zusammen	1210 *l.*

Da die übrigen Kosten für die Bedienung der Dreschmaschine, für Reparaturen ꝛc. bei der transportablen und der stehenden Dampfmaschine sich ziemlich gleich bleiben, so betragen die Ausdruschkosten durch die Lokomobile während der angenommenen 50 Jahre ungefähr 300 *l.* mehr als bei der feststehenden Maschine.

Nach diesen Berechnungen stellen sich die Ausgaben während des Zeitraums von 50 Jahren:

1) bei Anwendung einer stehenden Dampfmaschine auf . . .	1488 *l.*	19 *s.*	— *d.*
2) bei Anwendung einer Lokomobile auf c.	1700 „	— „	— „
und 3) beim Göpelbetrieb auf . . .	2870 „	— „	— „

Bei der Verwendung des Gespanns betragen somit die Ausgaben fast das doppelte von denen des Dampfbetriebes.

Wird die Dampfmaschine ausschließlich für den Getreideausdrusch benutzt, so stellt sich in jener Wirthschaft mit 200 Acres Getreidefrüchten die Kostenersparniß während 50 Jahre auf 1382 *l.* 1 *s.* oder per Jahr auf 27 *l.* 12 *s.* 5 *d.* Erhält dagegen die Dampfkraft zum anderweitigen Ersatz von Pferde- und Handarbeit, als beim Häckſel- und Wurzelwerkschneiden, Schroten und Mahlen des Getreides, Zerkleinern der Knochen, Holzsägen, Pumpen des Wassers ꝛc. Verwendung, so wird der Gewinn ein bedeutend höherer sein. Mr. Morshead schlägt denselben so hoch an, daß er die Anschaffung einer eigenen Dampfmaschine selbst für Güter, deren Getreidebau sich nur auf 100 Acres (150 Morgen) erstrecke, für durchaus lohnend erachtet.

Auf eine nähere Untersuchung über die Stichhaltigkeit dieser Kostenberechnung, die wir nur des Beispiels halber angeführt haben, wollen wir nicht eingehn.

Wer trägt die Anschaffungs- und Aufstellungskosten der Dampfmaschine?

Diese Frage ist für die allgemeine Benutzung der Dampfkraft in der Landwirthschaft von großer Bedeutung, sie findet natürlich nur für die feststehende Dampfmaschine Anwendung, da die Lokomobile als ein bewegliches Inventarienstück stets der Pächter für eigene Rechnung anschafft. Unleugbar ist die große Verbreitung der Dampfmaschinen in den schottischen Farms dadurch wesentlich befördert worden, daß die Grundbesitzer sich sehr bald zu einem Abkommen mit den Pächtern hinsichtlich der Anschaffungskosten derselben verstanden. Nur in sehr vereinzelten Fällen bei langer Pachtdauer haben die Farmer auf ihre eigene Rechnung, ohne Anspruch auf Entschädigung, sich zur Anschaffung der Maschine und zur Errichtung der dazu erforderlichen Gebäulichkeiten entschlossen. Beim Ablauf der Pacht war nur der Abbruch und die Wegnahme der Maschine gestattet, wogegen das Maschinenhaus dem Gutsherrn verblieb.

Fast durchgängig haben sich, wie oben mehrfach angedeutet, Gutsherr und Pächter über die Einrichtungskosten des Dampfmaschinenbetriebes folgendermaßen geeinigt:

1. Der Gutsherr errichtet die Dampfmaschine ganz auf eigene Kosten und der Pächter verpflichtet sich, eine entsprechend höhere Rente zu zahlen und für die gute Unterhaltung der Maschine zu sorgen.

Oder 2. der Pächter trägt aus eigenen Mitteln die Kosten der Dampfmaschine und des Maschinenhauses, wogegen die Gutsherrschaft sich verpflichtet, beim Ablauf der Pacht die Maschine als eisernes Inventarienstück zu übernehmen und dem Pächter eine durch Sachverständige festzustellende Summe dafür zu zahlen.

Oder endlich 3. die Kosten der Dampfmaschine werden zwischen Gutsherrn und Pächter der Art vertheilt, daß ersterer für die nöthigen Gebäulichkeiten und die Aufstellung sorgt, letzterer dagegen die Maschine selbst aus eigenen Mitteln beschafft. Bei Beendigung der Pachtzeit übernimmt die Gutsherrschaft auch die Maschine gegen einen Taxwerth, welchen der anziehende Pächter zu entrichten hat. Nicht selten findet in diesem Falle eine directe Unterhandlung zwischen an- und abziehendem Pächter statt.

Das üblichste Abkommen ist das letztere. Bei meinem Aufenthalte in Schottland habe ich hierüber sowohl die Ansichten der Gutsherrn wie die der Pächter vernommen, die übereinstimmend das letztere Verfahren als das für beide Seiten günstigste bezeichneten. Bei der Beurtheilung dieser Uebereinkunft müssen wir die Wohlhabenheit des dortigen Pächterstandes berücksichtigen, dessen Mittel durch theilweise Uebernahme der Kosten der Dampfmaschinen-Anlage keineswegs für die sonstige Betriebseinrichtung der Wirthschaft empfindlich verkürzt werden.

Das Vermiethen der Dampf-Dresch-Maschine.

Den Gebrauch der transportabeln Dreschapparate finden wir nur in England, während in Schottland selbst die kleinsten Wirthschaften feststehende Dreschmaschinen besitzen. Die gestellte Frage wegen des Vermiethens von Dreschapparaten findet daher nur auf England Anwendung. Schon vor der Einführung der Lokomobile gab es daselbst eine Klasse von Unternehmern, welche mit ihren durch Pferde betriebenen Dreschmaschinen von Hof zu Hof zogen und den Ausdrusch des Getreides übernahmen. An die Stelle des Pferdegöpels ist jetzt die Lokomobile getreten. Nur selten geschieht die Anschaffung einer Dampf-Dreschmaschine auf gemeinschaftliche Rechnung mehrerer benachbarter Gutsbesitzer oder Pächter. Dagegen finden wir einzelne Unternehmer oder auch Gesellschaften, welche derartige Maschinen von verschiedener Größe nur zum Zweck der Speculation anschaffen und dieselben für bestimmte Miethpreise im Lande umhersenden. In einzelnen Fällen vermiethen auch wohl Farmer ihre Lokomobilen an benachbarte Pächter, wovon oben bei der Beschreibung der Güter einzelne Beispiele angegeben wurden.

Das Miethen der Lokomobile geschieht einmal von den kleinern Pächtern, die einen eignen Dreschapparat gar nicht besitzen. Der Ausdrusch der ganzen Ernte wird hier in wenigen Tagen bewirkt. Sodann aber macht man hiervon auch auf größeren Gütern, die zwar eigene, für den Pferdebetrieb eingerichtete Dreschmaschinen haben, vielfach Gebrauch, namentlich gleich nach der Ernte zur Beschaffung des nöthigen Saatgetreides, oder auch behufs Ausnutzung günstiger Handelsconjunkturen. Ich kenne mehrere Wirthschaften, wo man sogar regelmäßig den Ausdrusch einzelner Fruchtgattungen durch gemiethete Dampf-Dreschmaschinen ausführen läßt.

So ist es z. B. in Rothamstead, welches ein Areal von 500 Acres besitzt, seit mehreren Jahren eingeführt, den Ausdrusch des Weizens durch Dampfkraft zu bewirken, während die andern Früchte für die eigene, durch Pferde betriebene Dreschmaschine bestimmt werden.

Die zum Vermiethen bestimmten Dampf-Dreschmaschinen sind gewöhnlich von 4—6 Pferdekraft, größere kommen schon wegen des schwierigen Transports selten vor.

Was die Miethpreise betrifft, so sind dieselben bei den verschiedenen Unternehmern in den einzelnen Grafschaften fast übereinstimmend, höchstens daß nach der Ernte, wo meist eine sehr starke Nachfrage ist, eine Steigerung der Miethe von wechselnder Höhe eintritt. Nur ausnahmsweise bezahlt man nach der Arbeitsleistung, also nach der Menge des gedroschenen Getreides, der Regel nach wird ein bestimmter Miethpreis per Tag entrichtet. Wenn der Farmer die Dampf-Dreschmaschine zu benutzen wünscht, setzt er den Eigner derselben einige Tage vorher davon in Kenntniß. Am Abend vor dem festgesetzten Tage oder auch am Morgen desselben in der Frühe läßt der Pächter mit seinem eigenen Gespann die Maschine von dem Orte, wo sie zuletzt arbeitete, abholen. Die Abfahrt nach beendigter Arbeit fällt ihm jedoch nicht zur Last. Der Miethpreis per Tag für eine 5pferdige Dampf-Dreschmaschine beträgt im Durchschnitt 1 *l.* 10 *s.*, der jedoch nur für die Zeit, wo die Maschine wirklich im Betrieb ist, gezahlt wird. Der Unternehmer stellt dabei den Maschinisten und einen Mann zur Speisung der Dreschmaschine, wogegen das übrige für den Ausdrusch nöthige Arbeitspersonal (8—12 Personen) von dem Miether selbst zu besorgen ist. Außerdem hat letzterer dem Maschinisten sowohl, wie dem andern zur Bedienung der Dreschmaschine gestellten Mann als Entschädigung für Kost und Logis täglich 1 *s.* 6 *d.* zu zahlen. Das Brennmaterial (400—500 Pfd. täglich) liefert gleichfalls der Miether. Man berechnet die tägliche Leistung einer 5pferdigen Dampf-Dreschmaschine im Durchschnitt aller Früchte auf 300—400 Bushels. Eine für den Verkauf hinreichende Reinigung des Korns findet dabei meist nicht statt, das Getreide muß, um als Marktwaare zu gelten, noch einmal über die Handfegemühle gelassen werden.

Das Vermiethen unter obigen Bedingungen hat von Jahr zu Jahr immermehr zugenommen und erweist sich ganz besonders vortheilhaft für die kleinen Wirthschaften, welche neben dem erheblich billigeren Ausdrusch, im Vergleich zum Göpelbetrieb, dadurch den nicht unbedeutenden Auslagen für Anschaffung einer eigenen Dreschmaschine ganz überhoben werden. Allein auch auf größern Gütern findet man die zeitweise Benutzung der Dampf-Dreschmaschine recht lohnend. Die Unternehmer selbst aber machen beim Vermiethen ihrer Maschinen gute Geschäfte. Denn wenn selbst nur eine Beschäftigung derselben während 60 Tage im Jahre stattfindet, so stellt sich nach Abzug der Unterhaltungs- und Abnutzungskosten ein bedeutender Gewinn heraus, wie folgende Berechnung beweist:

Die Gesammteinnahme einer 5pferdigen Dampf-Dreschmaschine, per Tag zu $1\frac{1}{2}$ *l.* Miethe, beträgt für 60 Tage . . . . 90 *l.* — *s.*

Die Kosten dagegen sind:

Das Anschaffungskapital für die Lokomobile	180 *l.*
und für die Dreschmaschine . .	60 „
Zusammen	240 *l.*

Hiervon sind zu berechnen:

1. 5% Zinsen	12 *l.* — *s.*	
2. 11% Abnutzungs- und Unterhaltungskosten	26 „ 8 „	
Ferner:		
3. Lohn für zwei Leute (den Maschinisten und 1 Mann für die Dreschmaschine, welche der Miether für Kost und Logis zu entschädigen hat) täglich für jeden 2 *s.* also für 60 Tage	12 „ — „	
Mithin Gesammtkosten .	50 *l.* 8 *s.*	50 *l.* 8 *s.*
Es ergiebt sich hiernach für den Unternehmer ein jährlicher Gewinn von		39 *l.* 12 *s.*

In den meisten Fällen werden die Maschinen eine viel längere Zeit beschäftigt, wobei der Nutzen in demselben Grade zunimmt; aber selbst wenn sich die Gelegenheit zum Vermiethen nur während einer kürzeren Zeit böte, würde der Unternehmer immer noch dabei seine Rechnung finden.

Die Dampf-Bodencultur.

In den vorhergehenden Abschnitten wurde die Benutzung der Dampfkraft für die Bodencultur im engeren Sinne bereits mehrfach erwähnt. Wir begnügten uns dort mit der Bemerkung, daß dieselbe trotz der verhältnißmäßig sehr raschen Entwicklung und der bedeutenden Fortschritte noch keineswegs als vollkommen gelungen zu bezeichnen sei. Diese neue Culturmethode greift jedoch zu tief in das innerste Wesen der gesammten Landwirthschaft ein, um nicht auch für den deutschen Landwirth von Interesse zu sein und verdient deshalb eine mehr als oberflächliche Besprechung. Die Verwendung der Dampfkraft für die eigentliche Bodenbearbeitung bildet zur Zeit in Großbritannien die Tagesfrage. Maschinen der verschiedensten Construction kommen in rascher Aufeinanderfolge zum Versuch, und die tüchtigsten Ingenieure streben mit unermüdlichem Eifer einem Ziele zu, dessen hohe Bedeutung gewiß von Keinem, selbst bei der nüchternsten Anschauung zu verkennen ist.

Die praktischen Momente für diese regen Bestrebungen sind in dem Wunsche begründet, dem landwirthschaftlichen Betrieb eine möglichste Regelmäßigkeit und Sicherheit zu verleihen. So lange der Lanwirth an die träge Gespannkraft gebunden, die Bearbeitung seines Bodens von der Laune der Witterung abhängig machen muß, so lange wird es nicht in seiner Macht stehn, die Felder den zersetzenden, fruchtbar machenden Einflüssen der Atmosphäre grade dann darzubieten, wenn sie am günstigsten wirken. Die Einführung des Dampfes für die Bodencultur wird durch gänzliche oder theilweise Abschaffung des Zugviehs außerdem eine erhebliche Verminderung der Wirtschaftskosten zur Folge haben. Der gesammte Betrieb wird mit einem Worte regelmäßiger und minder kostspieliger werden.

Wie überhaupt für die allgemeinere Benutzung der Dampfkraft in der Landwirthschaft der Impuls vornehmlich von den landwirthschaftlichen Vereinen Großbritanniens ausging, so gilt dies insbesondere von der Dampf-Bodencultur. Wiederholte Preisausschreibungen Seitens der Vereine für den besten Dampfpflug, sowie die sorgfältigste Prüfung der zur Concurrenz gebrachten Maschinen spornten den Eifer der Fabrikanten zu erneuerten Anstrengungen in der Vervollkommnung ihrer sinnreichen Constructionen an und boten zugleich den praktischen Landwirthen einen Anhaltspunkt für die Beurtheilung und Wahl der verschiedenen, zur Ausstellung und Prüfung gebrachten Dampfcultivatoren. Diese dankenswerthe Anregung hatte zur Folge, daß sich die Dampfcultur nach verschiedenen Richtungen hin ausbildete, deren Vergleichung um so größeres Interesse darbietet, als jede derselben dem vorgesteckten Ziele mehr oder minder nahe gekommen ist.

In den folgenden Zeilen wollen wir versuchen, die Entwicklung der Dampf-Bodencultur bis auf den augenblicklichen Stand in kurzen Zügen zu schildern.

Die Idee, den Dampf als bewegende Kraft zum Transport von Lasten auf gewöhnlichen Wegen zu benutzen, ist nicht so neu, wie man glauben möchte. Als die Dampfmaschine kaum durch den großen Watt zu ihrer vollendeten Ausbildung gediehen war, sehen wir bereits Bestrebungen für eine Benutzung des Dampfes in der angedeuteten Richtung auftauchen. Schon im Jahre 1770 wurde von Richard Edgeworth ein Patent auf eine Vorrichtung genommen, welche den Keim zur Construction des „endlosen Schienenweges“ in sich trägt, wie wir ihn heut zu Tage in Boydell's „Dampfroß“ in seiner Vollendung vor uns haben. Watt selbst nahm 1784 ein Patent auf eine derartige Maschine. Es waren dies jedoch nur Entwürfe, deren Ausführung den gehofften Erfolg nicht hatte.

Erst 1810 erfand Major Pratt mehrere Vorrichtungen zum Zweck der Bodenbearbeitung mittelst Dampfes. In denselben finden wir schon die Repräsentanten von zwei wesentlich verschiedenen, jetzt ausgebildeten Systemen, von den rotirenden und den pflugähnlichen Cultivatoren. Von dieser Zeit ab folgen sich auf diesem Gebiete in kurzen Zwischenräumen mannigfache interessante Erfindungen, wovon wir nur die patentirten Apparate von Chapman (1812), von Joseph Saxton und John Heathcoat (1832) und einige Jahre später den Dampfpflug von John Upton zu Southwark nennen wollen. Erst von 1850 an beginnt die eigentliche Aera der Dampf-Bodencultur, indem die neuen Constructionen in Form und Leistung eine mehr praktische Richtung annehmen. Da die dem letzten Jahrzehnt angehörigen Dampfcultivatoren meist nach ganz abweichenden Grundsätzen gebaut sind, so wollen wir zunächst die mannigfachen Apparate nach dem verschiedenen Princip ihrer Construction in Gruppen eintheilen, um so eine leichtere Uebersicht und bessere Beurtheilung derselben zu erlangen.

Die verschiedenen Systeme lassen sich unter folgende vier Klassen einreihen:

1. die Dampfmaschine bewegt sich über das zu bearbeitende Feld, indem sie, wie ein Pferd, die Pflugvorrichtungen hinter sich herzieht;

2. die Dampfmaschine überschreitet ebenfalls das Arbeitsfeld, enthält jedoch den das Land bearbeitenden Apparat als integriren-

den Theil, welcher aus einer rotirenden, mit verschiedenen Schneide-Vorrichtungen versehenen Achse besteht;

3. die Dampfmaschine an einer beliebig gewählten Stelle (gewöhnlich am Rande des Feldes) feststehend oder langsam vorrückend, zieht den Pflug oder Grubber mittelst Taue und Winden über die Fläche hin; und

4. das ganze zu cultivirende Areal ist von Schienenwegen durchzogen und wird von einem, auf diesen dahinrollenden Dampfapparat systematisch bearbeitet.

Wir wenden uns jetzt zur Besprechung dieser verschiedenen Systeme der Dampf-Bodencultur.

Das erste System erscheint, wenn man an der gewöhnlichen Bearbeitung des Bodens durch den Pflug festhält, als die einfachste und zunächst liegende Verwendung der Dampfkraft. Man spannt eine, der Lokomotive ähnliche Maschine vor einen oder mehrere gewöhnliche Pflüge und läßt dieselben über das Ackerfeld hinwegziehn. Jeder Pflug wird von einem eigenen Arbeiter gehandhabt, während die Dampfmaschine eines besonderen Führers bedarf.

Es leuchtet ein, daß eine solche Zugdampfmaschine in ihrer Construction Bedingungen zu erfüllen hat, welche von denen der gewöhnlichen Lokomotive wesentlich verschieden sind. Zunächst muß bei derselben die fortschreitende Bewegung eine verhältnißmäßig langsame sein, weil der bei Weitem größere Theil des Kraftaufwandes auf die Ueberwindung des erheblichen Widerstandes, welchen die im Boden arbeitenden Werkzeuge erfahren, zu verwenden ist.

Ferner erfordert das bedeutende Gewicht der Maschine eine ganz besondere Construktion der Gestellräder, wenn dieselben nicht durch ihr Einsinken in den Boden diesem erheblichen Schaden zufügen oder aber das Fortschreiten der Maschine selbst hindern sollen.

Endlich ist die Dampfmaschine so zu construiren, daß sie mit Leichtigkeit während der Arbeit gedreht werden kann. Das Wenden der Maschine darf weder einen erheblichen Verlust an Zeit, noch an Kraft erfordern, weil sonst die Anwendbarkeit sich auf sehr ausgedehnte Flächen beschränken würde.

Die Zugdampfmaschinen haben nun nach und nach wesentliche Verbesserungen erfahren und entsprechen in ihrer neuesten Construction mehr oder minder den eben aufgestellten Anforderungen.

Hinsichtlich der vortheilhaftesten Geschwindigkeit in der Fortbewegung und deren bequemen Regulirung ist es nicht statthaft, wie bei den Lokomotiven die Pleuelstange direct auf die großen Gestellräder wirken zu lassen. Es wurde schon bei einer andern Gelegenheit erwähnt, daß eine Hochdruck=Maschine in den Dimensionen, wie sie für den landwirthschaftlichen Gebrauch dienlich ist, nur dann ihre ganzen Vorzüge entfalten kann, wenn dem Kolben und der Schwungradwelle eine verhältnißmäßig rasche Bewegung ertheilt wird. Die schnelle Rotation der Schwungradwelle, welche gewöhnlich über dem horizontalen, cylindrischen Dampfkessel angebracht ist, wird deshalb zur Vermeidung einer zu schnellen Bewegung bei allen derartigen Maschinen entweder durch eine Kette ohne Ende oder durch Zahnräder auf die Achse der Gestellräder übertragen, und dadurch die Fortbewegung der Maschine auf das gewünschte Maß reducirt. Die Uebertragung mittelst Zahnräder verdient dabei erfahrungsmäßig den Vorzug.

Zur Beseitigung der mit dem Einsinken der schweren Maschine in den Ackerboden verbundenen Nachtheile wurden verschiedene Wege eingeschlagen. Man gab zunächst den Radkränzen eine verhältnißmäßig bedeutende Breite, damit der Druck sich auf eine möglichst große Fläche vertheile, und vergrößerte zugleich den Durchmesser der Gestellräder bei einzelnen Constructionen bis auf 7, selbst 8 Fuß. Zur Vergrößerung der Berührungsfläche mit dem Boden brachte man ferner vor den Vorderrädern der Maschine eine Walze an, um auf diese und die vier Gestellräder die Last der Maschine gleichmäßig zu vertheilen. Trotz aller dieser Vorkehrungen konnte das ungehinderte Fortschreiten der Zugmaschine, namentlich auf lockerem Boden nicht vollkommen gesichert werden. Boydell schlug mit Glück durch die sinnreiche Erfindung seiner „Schienenschuhe“ einen andern Weg ein. Sein erstes Patent auf diese Erfindung nahm er schon im Jahre 1846 und hat seit dieser Zeit unermüdlich an der Vervollkommnung derselben gearbeitet. Da eine genaue Beschreibung der Boydellschen Vorrichtung ohne bildliche Darstellung unmöglich ist, so wollen wir uns auf die folgende kurze Andeutung beschränken. Die Radkränze an den Gestellrädern einer nach Boydell's Princip construirten Maschine kommen in keinem Augenblick mit dem Boden in unmittelbare Berührung, sondern laufen auf Schienenstücken, welche jedes

Rad mit sich führt und beständig vor sich niederlegt, um sie hinter sich wieder aufzuheben. Jedes der Schienenstücke ist auf einer breiten Platte befestigt, welche der Schiene und somit dem Rade selbst eine Unterlage von großer Oberfläche bietet. Diese Schienenschuhe, deren sechs auf jedes Rad kommen, haben einen seitlichen Ansatz, welcher an der Stirnfläche des Rades in einer Führung mit hinreichendem Spielraum hin und hergleiten kann. Dieser Spielraum nun erlaubt jedem der Schuhe sich auf dem Boden flach niederzulegen, bevor noch das Rad die vorhergehende Schiene verlassen hat. Diese letztere wird ihrerseits nicht eher vom Boden emporgehoben, als bis das Rad von der folgenden Schiene vollkommen getragen wird.

Die Vortheile dieser Anordnung sind einleuchtend. Nicht nur, daß die Maschine gezwungen ist, stets zu gleicher Zeit auf vier breiten Unterlagsplatten zu ruhen, sondern es werden auch etwaige kleinere Unebenheiten des Bodens durch die Schienenschuhe überdeckt und dadurch der Widerstand gegen die fortschreitende Bewegung der Maschine bedeutend vermindert. Durch die Boydellschen Schienenschuhe haben die Zugmaschinen sowohl, als auch die später zu beschreibenden rotirenden Cultivatoren erst eine bestimmte Stellung unter den übrigen für die Dampfcultur construirten Apparaten gewonnen.

Um die gleichmäßige Führung und namentlich das Umdrehen der Zugdampfmaschine zu ermöglichen, sind die vorderen Räder mit einem besondern Gestelle versehen, durch welches denselben mittelst eines kleinen Getriebes die verlangte Richtung gegeben wird. Es kann so, da nur die hinteren Gestellräder von der Schwungradwelle aus getrieben werden, durch die Drehung der vordern allein schon die Maschine gewendet werden. Giebt man außerdem, wie es bei einzelnen Constructionen z. B. der Tuxfordschen der Fall ist, der Zugmaschine die Einrichtung, nach Belieben nur eins der beiden Triebräder mit der Schwungradwelle in Verbindung zu setzen, so ist es möglich, das Dampfroß in einem Kreise umzudrehen, dessen Radius seine eigene Länge ist. Da man bei der in Rede stehenden Art des Pflügens mit Dampf den Acker am vortheilhaftesten so bearbeitet, daß man von der Mitte oder der Peripherie anfangend durch fortwährendes Umkreisen das häufige Umdrehen auf einem kleinen Raume möglichst vermeidet, so ist die angedeutete kurze

Wendung der Maschine kein Bedürfniß. Zudem hat trotz aller Verbesserungen das kurze Umkehren der Zuglokomobile immer einige Schwierigkeit, besonders wenn man zur Verhütung des Einsinkens die Boydellschen Schienenschuhe benutzt. Es soll deshalb nach den gemachten Erfahrungen ein Wenden der Maschine in einem Kreise unter 30 Fuß Durchmesser vermieden werden.

Was die Leistungen der Zugdampfmaschinen bei der Bodenbearbeitung betrifft, so genügt die Bemerkung, daß sie weder bei den wiederholten Preisbewerbungen den Anforderungen entsprachen, noch sonst eine Anwendung von nennenswerther Ausdehnung gefunden haben. Die ersten, von Boydell und Collinson ausgestellten Zugmaschinen concurrirten 1857 auf der Preisbewerbung zu Salisbury. Sie erwiesen sich, namentlich die Boydellsche Maschine, als kräftige Zugapparate, selbst auf geneigtem Terrain, leisteten aber bei der Bodenbearbeitung weder qualitativ noch quantitativ befriedigende Arbeit. Dasselbe Resultat lieferte die Zugmaschine, welche Burrell im Jahre 1858 auf der Ausstellung zu Chester sowohl mit dem Williamschen als dem Colemanschen Cultivator arbeiten ließ. Auch die 1859 von Cambridge in Cardiff und Robey in Warwick ausgestellten Maschinen theilten das gleiche Schicksal.

Wir können das erste System der Dampf=Bodencultur, welches in der jetzigen Form für die eigentliche Beackerung sich nicht tauglich erweist und zu einer befriedigenden Anwendung auch keine besondere Aussicht bietet, nicht verlassen, ohne des sonstigen Vortheils der dabei verwendeten Dampfmaschinen als Zugkraft zu gedenken. Nach übereinstimmendem Urtheile bewähren sich dieselben als kräftige Zugmaschinen auf gewöhnlichen Landstraßen und guten Feldwegen. Versehen sie zu gleicher Zeit die Dienste der gewöhnlichen Lokomobile im Wirthschaftsbetriebe, so wird die zugleich dargebotene Zugkraft gewiß immerhin beachtenswerth sein. Man hat in neuester Zeit die den andern Systemen der Dampf=Bodencultur zugehörigen Lokomobilen fast durchgängig so eingerichtet, daß sie durch eine einfache Vorrichtung sofort in Zugmaschinen verwandelt werden können und so das nöthige Geräthe als Anker, Seiltrommeln &c., sowie den Wasserbedarf nach dem Ort ihrer Arbeitsbestimmung führen. Auf guten Landstraßen sind sie befähigt, selbst Steigungen bis zum Verhältniß von 1 : 8 zu überwinden. Um bei dem hierdurch verän=

derten Niveau des Kesselwassers den Gefahren einer Explosion vorzubeugen, indem namentlich beim Bergabfahren die Heizfläche der Feuerbüchse und Heizröhren leicht außer Berührung mit dem Wasser kommt, sind entsprechende Sicherheits-Vorkehrungen getroffen. Bei der Zug-Lokomobile von Nash z. B. ist der Kessel durch Schrauben-Vorrichtungen verstellbar, so daß beim Ueberschreiten einer Steigung das Niveau des Kesselwassers regulirt werden kann. Andere Constructionen beschränken den Dampfraum auf hohe Dampf-Dome, welche eine solche Gefahr selbst bei der stärksten Steigung des zu passirenden Weges nie eintreten lassen.

Das zweite System, nach welchem man die Dampfkraft zur Boden-Bearbeitung benutzt, können wir als das der rotirenden Cultivatoren bezeichnen. Bei der Erfindung und Einrichtung dieses Systems ging man von dem Gesichtspunkte aus, daß bei der Uebertragung der Kraft von einer Zugmaschine auf einen davon getrennt arbeitenden Cultivator wegen der Ungleichförmigkeit in der Bewegung, der Reibungs- und anderer Widerstände erhebliche Kraftverluste unvermeidlich seien, und daß ferner bei der Ackerbearbeitung durch einen keilförmig einschneidenden Pflug der Boden stets eine bedeutende Compression erleide. Die Vereinigung des bewegenden und arbeitenden Theiles in einen Körper, sowie eine passend gewählte Form des Cultivators an Stelle der Pflugvorrichtung müsse daher die Bodenbearbeitung selbst wesentlich erleichtern und vollkommener gestalten.

Die Lösung dieser Aufgabe wurde durch verschiedene Mittel angestrebt. Den ersten Versuch, den Boden durch eine mit Zähnen oder Schaufeln versehene, horizontal rotirende Achse aufzulockern, finden wir schon im Jahre 1846 in einem Apparate von Bonser und Pettitt. Ein Jahr später nahm Mr. Paul ein Patent auf einen rotirenden Untergrundspflug. Beide Apparate wurden jedoch durch Pferdekraft betrieben. Der erste, durch Dampf bewegte, rotirende Cultivator wurde 1850 von Mr. James Uscher zu Edinburg construirt. Die Form, welcher derselbe seiner Maschine gab und welche auch im Wesentlichen bei allen später construirten derartigen Apparaten beibehalten wurde, ist folgende: Eine auf vier Gestellrädern transportabele, gewöhnliche Lokomobile hat an ihrem hinteren Ende eine nahe über dem Boden schwebende, horizontale

Welle, welche mit den Achsen der Gestellräder parallel läuft. Die Zapfenlager dieser Welle werden von einem hebelartig beweglichen Gestell getragen, welches ein beliebiges Höher- und Tieferstellen erlaubt. Die horizontale, rotirende Welle, die wir kurz mit dem Namen der Cultivatorachse bezeichnen wollen, trägt mehrere Scheiben, welche mit je drei pflugähnlichen, aus Kolter und Streichbrett zusammengesetzten Schneidevorrichtungen versehn sind. Der Cultivatorachse wird nun von der Schwungradwelle aus eine Rotation von 30—40 Umdrehungen pro Minute ertheilt, während die Maschine selbst in dieser Zeit 90—100 Fuß fortschreitet. Die Vorwärtsbewegung wird, wie bei den vorher besprochenen Zugmaschinen durch Ketten- oder Zahnrad-Vorrichtungen von der Schwungradwelle den hintern Gestellrädern mitgetheilt. Usher war eifrigst bemühet, den nach diesen Principien construirten rotirenden Cultivator immer mehr zu vervollkommnen, bevor er ihn 1855 auf der landwirthschaftlichen Ausstellung zu Carlisle zur Concurrenz brachte. Trotzdem entsprach der Apparat keinesweges den Anforderungen der Preisrichter, denn derselbe vermochte nur im leichten Boden zu arbeiten und riß diesen in so unregelmäßiger Weise auf, daß der Acker in einen für die Bestellung durchaus ungünstigen Zustand versetzt wurde. Die gewöhnlichen pflugähnlichen Schneidevorrichtungen erwiesen sich hiernach für den rotirenden Cultivator als untauglich, und wir finden bei allen spätern Versuchen eine wesentlich veränderte Form der im Boden arbeitenden Theile angewendet.

Ein zweiter wichtiger Punkt für die Güte der Arbeitsleistung bei derartigen Maschinen ist die Richtung, in welcher die Cultivatorachse sich bewegt. Bei Usher's wie bei allen älteren rotirenden Cultivatoren dreht sich nämlich die den Boden bearbeitende Achse in demselben Sinne, in welchem sich die Maschine fortbewegt, so daß der Widerstand, welchen der Cultivator im Boden findet, zur Vorwärtsbewegung der Maschine selbst wesentlich beiträgt, ähnlich wie es bei den Schaufelrädern eines Dampfschiffes der Fall ist. Man gab ungern diesen Vortheil auf, denn wie Mr. Clarke über einzelne Versuche berichtet, reichte unter Umständen die Rotation der Cultivatorachse allein zur Fortbewegung der ganzen Maschine hin.

Andere wichtigere Gesichtspunkte sprachen jedoch ganz entschieden für eine Rotation der Cultivatorachse in einer den Gestellrädern der Maschine entgegengesetzten Richtung.

Erstens geht nämlich der Antheil an Kraft, welchen der Cultivator zur Vorwärtsbewegung aufwendet, für die Zerkleinerung des Bodens verloren. Dadurch dürfte sich zum großen Theil die höchst mangelhafte Arbeit von Usher's Cultivator erklären.

Wenn zweitens der Cultivator zu Gunsten der Fortbewegung der Maschine in demselben Sinne wie die Gestellräder, rotirt, so treten die Schneidevorrichtungen von oben in den Boden und schieben ihn nach hinten unter sich weg. Sie erfahren somit offenbar ganz ähnliche Reibungswiderstände und bewirken eine ähnliche Compression des Bodens, wie der gewöhnliche Pflug. Rotirt dagegen die Cultivatorachse im entgegengesetzten Sinne, so greifen die Zähne oder Schaufeln von unten und zwar von der Seite der schon gebildeten Furche aus in den Boden und heben denselben ohne erheblichen Widerstand und ohne Compression empor, wobei selbst das Vorhandensein von Steinen oder Wurzeln der regelmäßigen Arbeit bei Weitem nicht so hinderlich sein wird.

Diesen Grundsätzen ist namentlich Mr. Ricketts in seinen Constructionen gefolgt. Die Maschine, welche derselbe 1858 zu Chester ausstellte, befriedigte in Bezug auf die Qualität der gelieferten Arbeit die Anforderungen der Preisrichter vollkommen. Auf die Cultivatorachse der Rickettsschen Maschine können nach Belieben verschieden geformte Zinken zum bloßen Durchfurchen und Aufreißen oder Schaufeln zum vollkommnen Wenden des Bodens eingesetzt werden. Die Zinken oder Schaufeln sind so zu einander gestellt, daß sie eine Schraubenlinie um die Achse bilden. Dieselben greifen von hinten in den Boden ein, heben ihn nach vorn über sich empor und werfen ihn hinter sich vollkommen gewendet wieder ab. Die Güte der so vollbrachten Arbeit ist nach dem Urtheile der Preisrichter nur einer sorgfältigen Handarbeit mit dem Spaten zu vergleichen. Die zu Chester ausgestellte Rickettssche Maschine hatte 10 Pferdekraft. Der Cultivator machte in der Minute 60 bis 80 Umdrehungen nnd bearbeitete den Boden zu 7 Fuß Breite und 4½ bis 6 Zoll Tiefe, während die Maschine in derselben Zeit 20 Fuß fortschritt. Die Arbeitsleistung per Tag betrug hiernach 5¾ acres (circa 8½ Morgen), wobei sich die gesammten Betriebs-ausgaben der ziemlich complicirten Maschine auf 1 *l.* 15 *s.* 9 *d.* stellten, so daß die Bearbeitungskosten eines Acres 9 *s.* (per Morgen 2 Thlr.) ausmachen. Obwohl die Preisrichter von der Güte der Arbeit vollkommen befriedigt waren, so konnten sie doch den rotirenden Dampfcultivator als ein unbedingt vortheilhaftes Ersatzmittel für den Pflug mit Gespannkraft nicht anerkennen.

Mr. Nash stellte 1859 zu Warwick eine Maschine aus, die, zwar hinsichtlich der Construction im Wesentlichen mit der Ricketts'schen übereinstimmend, doch mancherlei beachtenswerthe Verbesserungen aufzuweisen hatte. Namentlich ist an derselben das hebelartig bewegliche Gestell, welches die Cultivatorachse trägt, so eingerichtet, daß diese stets in gleichem Abstande vom Boden gehalten wird. Das Cultivator-Gestell ruht nämlich durch sein eigenes Gewicht von circa 7 Ctr. auf zwei Rollen. Diese Einrichtung erlaubt eine Bearbeitung selbst von unebenem Terrain zu stets gleicher Tiefe. Ebenso wird dadurch das Abbrechen der im Boden arbeitenden Theile verhindert, indem der Cultivator sich selbst über einen Stein oder ein sonstiges Hinderniß ohne Schwierigkeit hinweghebt, während in einem solchen Falle bei der Rickettsschen Maschine die Zerstörung einer Zinke oder einer Schaufel fast unvermeidlich ist. Trotz dieser sinnreichen Verbesserungen war jedoch die Maschine nicht befähigt, auf jener Ausstellung die Concurrenz der anderen Dampf-Cultivatoren insbesondere deshalb nicht zu ertragen, weil bei ihr eine unbedingte Ersparniß im Vergleich zur Gespannkraft nicht angenommen werden konnte.

Unter den rotirenden Cultivatoren ist noch eine Klasse von Apparaten zu erwähnen, welche man mit dem Namen „Comminutoren" (Zerkrümler) bezeichnet, weil sie den Zweck haben, den Boden in möglichst fein zertheilten, staubigen Zustand zu verwandeln. Die erste dieser Maschinen, deren Wirkung mit der einer Säge oder Raspel zu vergleichen ist, wurde 1853 von Robert Romaine ausgeführt. Sie erwies sich als untauglich. Noch in demselben Jahre nahm Mr. Hoskyns ein Patent auf eine ähnliche Maschine, die jedoch gleichfalls kein befriedigendes Resultat lieferte. Hinsichtlich der Construction stimmen die „Comminutoren" im Wesentlichen mit den rotirenden Cultivatoren überein, nur, daß die Achse sich viel rascher bewegt und mit einer größeren Zahl von Zinken versehn ist, welche den Boden aufkratzen, anstatt ihn aufzuheben und zu wenden. Abgesehn davon, daß auf manchen Bodenarten, welche durch einen Regen leicht eine schwammige Beschaffenheit annehmen, eine vollkommen staubige Zerkleinerung eher Nachtheil als Vortheil bringt, wird diese Methode der Bodenbearbeitung einen außerordentlichen Kraftaufwand erforden und schon deshalb für die Anwendung im Großen wenig brauchbar sein. Nach Hoskyns eigenen Angaben ist z. B. seine Dampf-Raspel bei einer sehr kräftigen Maschine nur im Stande, $1^1/_4$ Acre per Tag zu bearbeiten. Man ist nun zwar eifrigst bestrebt gewesen, auch die sogenannten Comminutoren zu vervollkommnen, allein bis jetzt ohne den gewünschten Erfolg. So erschien Romaine's Cultivator mit wesentlichen Verbesserungen 1855 auf der Ausstellung zu Paris. In dieser neuen Form bewegte derselbe sich selbstthätig über das Ackerland, während er in seiner ursprünglichen Construction von Pferden gezogen werden mußte. Der Boden erhielt dadurch eine außerordentlich lockere Beschaffenheit, das Quantum der geleisteten Arbeit stellte sich jedoch hinsichtlich des Kostenpunktes sehr ungünstig. Dabei war derselbe den Gefahren einer Beschädigung durch Steine oder sonstige Widerstände wegen der sehr raschen Bewegung der Cultivatorachse im erhöhten Maße ausgesetzt.

Fassen wir schließlich die Schwierigkeiten, welche einer ausgedehnten lohnenden Anwendung der rotirenden Cultivatoren in ihrer jetzigen Form entgegenstehn, zusammen, so dürften diese der Hauptsache nach folgende sein:

1. Da die Maschine mit ihrem bedeutenden Gewicht über das Ackerfeld selbst fortbewegt werden muß, so machen sich hier ganz dieselben Verhältnisse, wie bei den Zugmaschinen geltend (Kraftverlust durch das Fortbewegen der Maschine, Schwierigkeit des Umdrehens).

2. Die Thatsache, daß der Boden durch die Last der Maschine stark zusammengedrückt wird, was selbst durch die Boydellschen Schienenschuhe nicht zu vermeiden ist, während der am hintern Ende der Maschine angebrachte Cultivator den unnöthig komprimirten Boden wieder auflockert, enthält einen Widerspruch, den der rotirende Cultivator in der bis jetzt gebräuchlichen Form nicht zu lösen vermag.

3. Die Construction der Apparate dieser Klasse ist zu complicirt, um nicht bei der schnellen Rotation, welche sie erfordern, häufige Störungen durch Bruch einzelner Theile oder sonstige Beschädigungen befürchten zu lassen.

4. Die rotirenden Cultivatoren sind für eine durchgreifende Untergrundbearbeitung, wo die Gespannkraft meist nicht ausreicht, ungeeignet, also grade in den Fällen, wo die Anwendung der Dampfkraft für die Bodencultur am wünschenswerthesten erscheint.

Endlich 5. ist trotz aller Verbesserungen der rotirenden Dampfpflüge die Bearbeitung des Bodens auf geneigten Flächen, wenn die Steigung das Verhälniß von 1 : 10 oder nur 1 : 12 überschreitet, schwierig, in den meisten Fällen sogar unmöglich.

Das dritte System der Dampfcultur nach unserer Eintheilung ist am meisten ausgebildet und hat bereits auf englischen Gütern mehrfache Aufnahme gefunden. Alle hierher gehörigen Apparate beruhen auf dem einfachen Princip, daß von einer isolirt stehenden Dampfmaschine aus die Ackerinstrumente durch Ketten oder Taue über das zu bearbeitende Feld hin- und hergezogen werden. Der Hauptzweck einer derärtigen Anordnung besteht darin, den Kraftverlust und alle die früher erwähnten Uebelstände, welche aus der Fortbewegung einer schweren Dampfmaschine über das Ackerland hervorgehn, zu beseitigen. Die Uebertragung der bewegenden Kraft mittelst Taue und Seiltrommeln ist zwar auch mit nicht unerheblichen Widerständen und Kraftverlusten verknüpft, allein es liegt hierbei weit mehr, als bei den vorherbesprochenen Systemen, im Bereiche der Möglichkeit, durch Einfachheit in der Construction und Genauigkeit in der Ausführung diese Kraftverluste auf ein Minimum zu reduciren. Schon nach den ersten Versuchen 1854 auf der Ausstellung zu Liverpool und 1855 zu Carlisle gewann man die Ueberzeugung, daß das System der Dampfcultur durch indirecte Uebertragung der Bewegung von einer isolirt stehenden Dampfmaschine das vortheilhafteste sei. Zu Liverpool kam der Dampfpflug von Fowler, in Carlisle der von Fiskin zur Prüfung. Seit dieser Zeit haben Smith zu Woolston und besonders Fowler ihre Apparate wesentlich vervollkommnet. Wir sehen die Maschine von Fowler auf allen Preisbewerbungen mit stets erneuerten, namhaften Verbesserungen concurriren, bis endlich auf der Ausstellung zu Chester 1858 die Preisrichter den Fowler'schen Apparat als einen Dampfcultivator, „welcher mit thatsächlichem Vortheil den Pflug mit Gespannkraft ersetzt", anerkennen und ihn mit dem ersten Preise von 500 *l.* krönen.

Die ursprüngliche Anordnung des Fowler'schen Apparats bestand im Wesentlichen aus zwei Lokomobilen, welche sich an zwei entgegengesetzten Seiten des zu bearbeitenden Feldes hinbewegten und einen mehrschaarigen Pflug mittelst Drahtseile zwischen sich hin- und herzogen. Eine ähnliche Construction hatte die Maschine von Williams, welche auf der Ausstellung zu Salisbury 1857 mitconcurrirte, aber hinsichtlich der Leistung hinter der Fowler'schen zurückblieb. Fowler ersetzte zunächst eine der Lokomobilen durch eine im Boden befestigte Ankervorrichtung, welche nur eine Seilscheibe trug und das Hin- und Herziehn des Pfluges durch die auf der entgegengesetzten Seite des Ackers stehende Lokomobile möglich machte. Der Standort des Ankers mußte nach jedem Hin- und Hergange des Pfluges durch einen Arbeiter verändert werden. Außerdem überwachte ein unterrichteter Mann das Auf- und Abwickeln des Drahttaues auf den Seiltrommeln, während noch besondere Arbeiter zum Pflügen, sowie zur Bedienung der Lokomobile erfordert wurden. In der neuesten Construction regulirt dagegen die Ankervorrichtung selbstthätig ihre Stellung gegen die Lokomobile und die Seiltrommeln vollführen das rechtzeitige Auf- und Abwickeln des Taues ohne irgend welche Nachhülfe, so daß außer dem Maschinenwärter nur ein Arbeiter zur Führung des mehrschaarigen Pfluges und ein Knabe für das Nachstellen der Frictionsrollen des Seiles nöhig sind. Wir müssen uns auf diese Andeutungen beschränken, da die Details des äußerst sinnreichen Mechanismus sich ohne bildliche Darstellung nicht näher beschreiben lassen.

Wenn auch bei dem Fowler'schen Dampfpflug die Uebertragung der bewegenden Kraft sich nicht durch Einfachheit auszeichnet und eine häufige Reparatur bei anhaltendem Gebrauche fast unvermeidlich erscheint, so hat doch der Erfinder durch äußerst sorgfältige Construction jedes einzelnen Theiles, wodurch eine wirklich bewunderungswürdige Regelmäßigkeit der Bewegung gesichert wird, die Abnutzung auf wenige, leicht zu ersetzende Theile beschränkt. Die meisten Kosten verursacht das Drahtseil, dessen theilweise oder vollständige Erneuerung von Zeit zu Zeit nöthig wird. Bei dem Fowler'schen Systeme ist jedoch die erforderliche Länge des Taues geringer, als bei allen übrigen derartigen Cultivatoren und außerdem werden die Drahtseile in neuerer Zeit aus Stahldraht von ausgezeichneter Güte gefertigt, so daß die Unterhaltungskosten sich gegen früher wesentlich vermindert haben. Die Abnutzung ist übrigens um so geringer, je größer die Flächen sind, welche zwischen der Lokomobile und der Ankervorrichtung liegen. Nach einmaliger Aufstellung von Anker und Lokomobile lassen sich bequem Flächen von 30 Acres ohne Unterbrechung bearbeiten. Es sind Fälle bekannt, wo mit dem Fowler'schen Dampfpflug ein Areal von 300 Acres bearbeitet wurde, ohne daß das Drahtseil nach der neueren Construction einer irgend wesentlichen Reparatur bedurfte. Wir wollen hier noch mit einigen Worten die Pflugconstruction, welcher sich Fowler bedient, erwähnen. Dieselbe besteht aus einem etwa 20 Fuß langen Holzrahmen, welcher in der Mitte auf 2 Gestellrädern ruht. Die beiden Hälften des Rahmens liegen nicht in einer Ebene, sondern bilden einen stumpfen Winkel, so daß, wenn die eine Hälfte horizontal liegt, die andere unter einer Steigung von 25—30 Grad nach oben gerichtet ist. Jedes dieser Rahmenstücke trägt in diagonaler Linie mehrere, (meistens 3 oder 4) vollständige Pflugkörper. Die Stellung derselben in den beiden Rahmenhälften ist gegeneinander gerichtet. Dieser vielschaarige Pflug wird nun in der Mitte des Gestells und zwar nahe dem Boden an das hin- und hergleitende Tau befestigt. Ein Arbeiter sitzt auf dem horizontalen, in Thätigkeit befindlichen Theil des Rahmens und lenkt den rasch dahingleitenden Pflug, wie ein Steuermann dadurch, daß er mittelst eines Getriebes die Stellung der Laufräder beliebig verändert.

Am Ende jedes Ganges angelangt, ist ein Wenden des Pfluges nicht erforderlich, indem, wie oben bemerkt, die Stellung der Schaare in den beiden Theilen des Rahmens einander entgegengesetzt ist. Der Arbeiter drückt den bisher schwebend gehaltenen Theil des Gestelles zur Erde nieder, besteigt dasselbe und lenkt den Pflug mit Leichtigkeit in seine neue Bahn ein. In das Pfluggestell sind verschiedene Schneide-Vorrichtungen einzusetzen, sodaß der Boden nicht blos zu verschiedener Tiefe gepflügt, sondern auch durch Messer oder Schaufeln oberflächlich gelockert werden kann.

Je nach der Arbeitsleistung ist der schnellere oder langsamere Gang des Ackergeräths von der Maschine aus zu reguliren. Die Versuche, welche mit dem Fowler'schen Apparat auf der Ausstellung zu Chester ausgeführt wurden, erstreckten sich auf leichten und schweren Boden. Der letztere bestand aus einem strengen Lehm, auf welchem wegen des erhärteten Zustandes ein durchgreifendes Tiefpflügen mit Gespannkraft nicht hätte ausgeführt werden können. Die Leistungen per Tag zu 10 Arbeitsstunden waren bei einer Furchentiefe von 6 Zoll auf dem leichten Boden 7³/₄ Acres (c. 11¹/₂ Morgen) und auf dem schweren Boden 5 Acres (c. 7¹/₂ Morgen). Ganz besonders befriedigte die Tiefbearbeitung des Lehmbodens mit Cotgreave's Rigolpflug. Bei einer Tiefe von 14 Zoll wurden im Tage 2¹/₂ Acres (c. 3³/₄ Morgen) vollständig gewendet.

Die täglichen Betriebs-Ausgaben für den Fowler'schen Apparat werden auf 2 *l.* 6 *s.* berechnet, die sich folgendermaßen vertheilen:

Für den Maschinenwärter	— *l.*	5 *s.*	— *d.*
Für die Arbeiter am Pfluge und Anker . .	— „	6 „	— „
Für zwei Knaben zum Stellen der Frictionsrollen des Drahtseiles	— „	2 „	— „
Für die Wasserzufuhr	— „	5 „	— „
Kohlenbedarf	— „	10 „	— „
Für Oel und Schmiere	— „	1 „	— „
Für den Transport des Apparats . . .	— „	4 „	— „
5% Zinsen des Anlagekapitals von 650 *l.* und 15% Abnutzung und Unterhaltung auf 200 Arbeitstage vertheilt	— „	13 „	— „
Summe	2 *l.*	6 *s.*	— *d.*

Hiernach berechnen sich die Kosten der Pflugarbeit per Acre:

auf dem leichten Boden 6 Zoll tief zu	6 *s.*	— *d.*
auf dem schweren Boden 6 Zoll tief zu	9 „	2 „
auf dem schweren Boden 14 Zoll tief rigolen zu . .	18 „	4 „

Die Ausgaben einer gleichen Arbeit, durch Gespannkraft ausgeführt, wurden von den Preisrichtern angeschlagen per Acre:

für das 6 Zoll tiefe Pflügen auf dem leichten Boden zu .	8 *s.*
desgleichen auf dem schweren Boden zu	12 „

Wie schon oben bemerkt, war bei den Versuchen das Rigolen

des schweren Bodens durch Gespann unmöglich und wurde eine gleiche Arbeit mit dem Spaten per Acre zu 6. *l.* 13 *s.* 4 *d.* geschätzt.

Wir enthalten uns eines eingehenden Urtheils über diese Kostenberechnung und bemerken nur, daß nach den veröffentlichten Berichten einzelner Landwirthe, welche das Fowler'sche System auf größern Flächen zur Anwendung gebracht haben, der Kostensatz von 20% für Zinsen und Abnutzung als ausreichend bezeichnet wird, wenn die Lokomobile noch für andere wirthschaftliche Arbeiten in der Farm Beschäftigung erhält oder in den Händen eines Unternehmers vielfach ausgeliehen wird. Ebenso deuten wir nur an, daß wie in den Versuchen, so auch bei der Ausführung im Großen der Fowler'sche Dampfpflug bei der Tiefcultur die vortheilhafteste Verwendung findet.

Unter den Dampfcultivatoren dieses Systems haben wir noch den von Mr. Smith zu Woolston erfundenen zu erwähnen, welcher von J. und F. Howard in mannigfachen Abänderungen ausgeführt ist. Nachdem der Smith'sche Apparat bereits 1855 auf der Ausstellung zu Chelmsford mit der Fowler'schen Maschine concurrirt hatte, wurde demselben 1858 zu Chester die goldene Medaille zuerkannt. Die Construction dieses Cultivators ist der des Fowler'schen ähnlich, wenn auch weniger vollkommen. An zwei benachbarten Ecken des zu bearbeitenden Ackerstücks steht einerseits die Lokomobile mit einer Seiltrommel, andrerseits ein Anker; beide verändern ihre Stellung während der Arbeit nicht. An den beiden gegenüberliegenden Ecken des Grundstücks sind gleichfalls zwei Anker-Vorrichtungen aufgestellt, zwischen welchen mittelst eines die ganze Fläche umspannenden Taues das den Boden bearbeitende Ackergeräth hin und her gezogen wird. Die beiden letztern Anker müssen während des Fortschreitens der Arbeit der Lokomobile und dem ersten Anker immer näher gerückt werden. Ebenso ist das Wenden des Pfluges am Ende eines jeden Hin- und Herganges erforderlich, was Fowler durch seine balancirende Pflugvorrichtung vermieden hat.

Wir beschränken uns auf diese kurzen Andeutungen über die Construction und Anwendung des Smith'schen Apparats. Im Vergleich zum Fowler'schen erweist sich derselbe aus folgenden Gründen als minder günstig. Zunächst ist ein viel längeres Drahtseil nöthig, welches alle vier Seiten des zu bearbeitenden Ackerstücks umspannen muß. Sodann wird zur Bedienung der Apparats ein größeres Arbeiterpersonal erfordert, nämlich: zwei Arbeiter zum Verrücken der beweglichen Anker, ein Mann zur Regulirung des Auf- und Abwickelns des Drahtseils, ein Pflugführer und mehrere Knaben zur Aufstellung der Frictionsrollen. Nach dem Smith'schen Systeme geschieht die Bearbeitung des Ackers in zwei von einander getrennten Operationen. Zuerst wird das Feld zur erforderlichen Tiefe durch einen starken Messerpflug aufgerissen, wobei ein Wenden des Bodens nicht stattfindet. Hiernach wird das Land in die Quere mit einem vielschaarigen Geräth zu gleicher Tiefe bearbeitet und dadurch eine vollkommene Zerkleinerung und Mischung des Bodens erlangt. Die nach dieser Methode auf der Ausstellung zu Chester vollführte Arbeit betraf den schweren Lehmboden. Die Preisrichter erachteten die Zurichtung des Feldes für so vorzüglich, daß zur Erzielung eines gleichen Zustandes eine dreimalige sorgfältige Bearbeitung mit Gespannkraft erforderlich gewesen wäre. Auf dem schweren Boden wurden im Tage 3½ Acres (5¼ Morgen) bearbeitet. Die tägliche Betriebs-Ausgabe incl. der Zinsen und Abnutzungskosten werden zu 2 *l.* 6 *s.* 9 *d.* berechnet, sodaß die Bearbeitungskosten per Acre sich pp. auf 14 *s.* stellen. Die Ausgaben für eine gleiche Zurichtung des Ackers durch Gespann schätzte man per Acre auf 18 *s.* 6 *d.*

Das vierte System der Dampf-Bodencultur endlich ist von Mr. P. A. Halkett entworfen. Das Wesentliche dieses Systems besteht darin, daß das zu bearbeitende Areal mit parallelen Schienen in einem Abstande von 30—60 Fuß versehen wird, auf welchen ein Dampfcultivator dahin rollt, der den Boden zwischen je zwei Schienen systematisch bearbeitet. An der Grenze des ganzen Terrains oder eines größern Abschnittes ermöglicht ein vertieft liegender Schienenweg, der zu den ersteren Schienen senkrecht gerichtet ist, mittelst einer auf Rädern ruhenden Laufbrücke den Dampfcultivator mit Leichtigkeit und in kürzester Zeit auf das benachbarte Schienenpaar zu setzen oder denselben nach einer entfernt liegenden Stelle zu transportiren*).

*) Diese Vorrichtung beruht auf einem ähnlichen Princip, nach wel-

Bei dem Halkett'schen System allein ruht die Dampfmaschine niemals während des ganzen Jahres, indem es eine allseitige Benutzung der Dampfkraft für den gesammten Wirthschaftsbetrieb darbietet. Durch dieses System werden alle Kraftverluste, wie sie bei den rotirenden Cultivatoren durch die Fortbewegung der Maschine auf lockerem unebenem Boden oder bei dem Fowler- und Smith'schen Apparat durch die komplicirte Kraft-Uebertragung hervorgerufen werden, mit einem Schlage überwunden. In gleicher Weise fallen die bei den andern Systemen durch die Compression des Bodens verursachten Uebelstände gänzlich weg. Halkett's Cultivator besteht nämlich aus einem auf Rädern ruhenden Gerüst, dessen Breite der Entfernung zweier Schienen entspricht. Auf jeder Seite des Gerüstes befindet sich eine Hochdruck-Dampfmaschine, durch welche dasselbe vor- und rückwärts mit beliebiger Geschwindigkeit auf den Schienen fortbewegt wird. An seinem untern Theile können die verschiedensten Apparate zur Bodencultur angebracht werden, sodaß dieselbe Maschine nur durch Auswechselung der unter dem Gerüst befestigten Vorrichtungen zu allen möglichen Arbeiten zu benutzen ist. Sie dient zum Pflügen, Eggen, Behacken, Säen, Bewässern, Aufbringung des festen und flüssigen Düngers, Mähen sowie zu allen Hofarbeiten als Dreschen, Häckselschneiden ꝛc. Ist Handarbeit durchaus nöthig, so kann dieselbe von der langsam fortschreitenden Maschine aus sehr leicht bewerkstelligt werden. Zu dem Ende hängt man unter das Gerüst der Maschine Planken in geringer Entfernung vom Boden, sodaß die Arbeiter auf denselben stehend oder sitzend das erforderliche Pflanzen, Jäten ꝛc. ausführen können. Aller Schaden, welcher sonst durch das Betreten dem Boden und den jungen Saaten zugefügt wird, läßt sich hierdurch vermeiden. Bei der vielseitigsten Verwendbarkeit der Halkett'schen Maschine ist die Möglichkeit gegeben, den Boden Jahr aus, Jahr ein zu cultiviren, ohne daß er je von einem Hufe oder menschlichen Fuße betreten wird. Der Widerstand, den sonst der Acker bei der Bearbei-

---

chem man die Lokomotiven auf den Eisenbahnen mittelst einer Drehscheibe auf einen andern Schienenweg schafft. Am nächsten kommt diese Einrichtung dem auf einigen englischen Eisenbahnen verwandten „Dunn's Patent Shunting Carriage."

tung dem Pflugschaar ꝛc. bietet, wird selbst bei der kürzesten Behandlung nach diesem System, mehr und mehr schwinden, da keine der vorgenommenen Arbeiten zu seiner Zusammendrückung beiträgt. Ebenso ist die Bearbeitung des Bodens selbst im feuchten Zustande und bei ungünstiger Witterung möglich, und endlich liegt ein wesentlicher Nutzen dieses Cultur-Verfahrens darin, daß mit gleichem Erfolge in dringender Zeit die Beackerung Tag und Nacht fortgesetzt werden kann.

Die mannigfachen großen Vortheile des Halkett'schen Systems, namentlich der Gewinn an nutzbarer Kraft, fordern allerdings ein bedeutendes Opfer für die Anlagekosten, insbesondere für die Schienenwege. Halkett schlägt zwei wesentlich voneinander verschiedene Schienen-Constructionen vor; beide ruhen auf einer 15—18 Zoll tiefen und 2—2½ Fuß breiten Unterlage von Mauerwerk. In dem einen Falle befinden sich auf dieser Unterlage dreikantige Prismen von gebranntem Thon, welche auf ihrer oberen Kante rechtwinkliche eiserne Schienen tragen. Die Verbindung derselben auf der Backstein-Unterlage ist so eingerichtet, daß sie der Ausdehnung durch die Wärme frei folgen können. Die zweite wohlfeilere Einrichtung besteht darin, daß man anstatt der Prismen von gebranntem Thon und der eisernen Bekleidung einfache breite Holzschienen legt, welche mit antiseptischen Mitteln getränkt werden. Zum Schutze gegen die Einflüsse der Feuchtigkeit werden die Schienen zeitweise von der Maschine aus mit Theer überstrichen.

Die Haltbarkeit der Schienenlage für eine lange Zeitdauer wird nicht zu bezweifeln sein, wenn man erwägt, daß Halkett's Cultivator selbst bei vielseitigem Gebrauche dieselbe Stelle höchstens 20 mal im Jahre passirt und zwar immer in einer langsamen stetigen Bewegung. Außerdem ist der Druck der Maschine auf sehr viele Räder und somit auf eine längere Strecke vertheilt. Um die Stärke der Schienenlage zu prüfen, ließ Halkett seinen schweren Cultivator so oft über ein und dasselbe Schienenpaar hinrollen, als es einem Gebrauche von 10jähriger Dauer entsprach, ohne die geringste Störung in der Lage der Schienen zn bemerken. Zur Beseitigung des Nachtheils, welcher aus geringen Ungleichförmigkeiten in der Entfernung von je 2 Schienen hervorgehn könnte, erhalten nur die Räder auf der einen Seite des Cultivators concave Radkränze, während die der andern Seite, welche zwar auch von der Hauptwelle getrieben werden, sehr breite Laufräder sind. Indem so die concaven Räder genau der Richtung der Schiene folgen, gestatten die letzteren mit ihren breiten Kränzen geringe Abweichungen des Schienenpaares. Um ferner etwaige Ungleichförmigkeiten im Niveau der Schienen auszugleichen, läßt Halkett seine Maschine nicht direct auf den Radachsen, sondern auf sehr elastischen Federn ruhen, sodaß sämmtliche Räder mit den Schienen stets in Berührung bleiben, auch wenn das Niveau derselben nicht ganz gleichförmig ist. Zu gleicher Zeit wird hierdurch heftigen Stößen beim Gange vorgebeugt und so die Abnutzung der Maschine selbst vermindert. Das Anlagekapital für die Schienenwege berechnet Halkett per Acre:

bei eisernen Schienen auf 20 *l.*
und bei hölzernen „ „ 10 „

Da natürlich das Halkett'sche System bei den Preisbewerbungen, welche in jedem Jahre an verschiedenen Orten stattfanden, mit den anderen Dampfcultivatoren nicht in Concurrenz treten konnte, so sind vergleichende Angaben über die Leistungen des Halkett'schen Apparates nicht zur Oeffentlichkeit gelangt. Wir entnehmen deshalb aus einem Vortrage des Mr. Halkett in der Sitzung der Society of Arts vom 8. December 1858 folgende Mittheilungen*):

Halkett's Versuchs-Cultivator besaß zwei Hochdruckmaschinen, welche, da sie schon andern Zwecken gedient hatten und außerdem von verschiedener Kraft (eine 6 und eine 4pferdige) waren, sich in einem ungünstigen Zustande befanden. Die tägliche Leistung beim Pflügen in einem sehr harten Boden betrug 6 Acres, wobei die Betriebsausgaben für die Maschine und die dabei nöthigen 2 Arbeiter sich nur auf 2 *s.* per Acre stellten. Halkett schätzt die Anschaffungskosten der Maschine und der dazu erforderlichen Apparate, mit Ausschluß der Schienenwege, grade so hoch, als die Kosten der sonst für den Betrieb nöthigen Gespannkraft und Geräthschaften aller Art, und findet so den Vortheil seines Systems in der wohlfeilern Unterhaltung der Betriebsmittel sowie in einer bessern Cultur. Nach Maßgabe seiner Versuche berechnet er für eine 25pferdige Ma-

*) Siehe Journal of the Society of Arts vol. VII No. 316.

schine, wie sie für ein Areal von 1000 Acres erforderlich sei, für die einzelnen Arbeiten folgende Kostensätze per Acre:

Pflügen	1 *s.*	7 *d.*
Exstirpiren	— „	8 „
Behacken	— „	5 „
Walzen	— „	3 „
Eggen	— „	3 „
Säen	— „	5 „
Mähen	— „	8 „
Untergrundbewässern	1 „	— „
Dünger-Zufuhr und Fortschaffen von Lasten auf die Tonne (20 Ctr.) per engl. Meile	— „	— $^1/_2$

Mit Zugrundelegung dieser Sätze würde sich bei Einführung des Halkettschen Systems auf einer Farm von 1000 Acres eine jährliche Kosten-Ersparniß von 940$^1/_2$ *l.* ergeben. Wir können auf eine nähere Untersuchung der Halkettschen Kostenberechnung nicht eingehn und erwähnen nur, daß das System sich noch auf einer geringen Stufe der Ausbildung befindet. Wir bedauern daher, daß äußerem Vernehmen nach Mr. Halkett wegen Mangels an Mitteln seine Versuche vorläufig einzustellen sich genöthigt sieht.

Es ist nicht zu leugnen, daß die Idee, welche diesem Cultur-Verfahren zu Grunde liegt, zur Erlangung des möglich größten Vortheils bei der Verwendung der Dampfkraft Aussicht bietet. Wir erinnern hierbei nur daran, daß sich die Dampfkraft nicht eher als wirklich brauchbares Communicationsmittel erwies, bis man sich zur Anlage der kostspieligen Schienenwege entschloß. Die Anwendung auf die Bodencultur bietet einen, wenn auch nicht ganz analogen, so doch sehr ähnlichen Fall. Auch ist von englischen Ingenieuren, selbst von Halkett's Concurrenten sein System übereinstimmend als ein vielversprechendes bezeichnet worden. Das Halkettsche Verfahren ist freilich noch keineswegs für die praktische Anwendung reif. Als Mängel desselben deuten wir beispielsweise an, daß es in der jetzigen Form nur auf fast ebenem Terrain ausführbar ist, und daß bei demselben die früher geschilderten mangelhaften rotirenden Pflugvorrichtungen, Comminutoren ꝛc. zur Anwendung kommen, deren Beschädigung durch Widerstände im Boden bei der streng vorgeschriebenen Richtung in der Fortbewegung des

Cultivators unvermeidlich erscheint. Wir erwähnen weiter den Verlust an Land durch die gemauerten breiten Schienen-Unterlagen, wobei freilich andrerseits alle Feldwege unnöthig werden u. a. m. Alles dieses sind jedoch Gebrechen und Hindernisse deren Beseitigung zum größten Theil zu erwarten steht. Bei dem günstigen Urtheile, welches man über Halkett's System in Großbritannien gewonnen hat, ist wohl mit Zuversicht anzunehmen, daß dasselbe bei dem bewährten Associations-Geiste der Briten, ausgerüstet durch vereinte Kraft und Mittel von Neuem aufgenommen und aus zahlreichen Versuchen in nicht all zu langer Zeit für die praktische Anwendung geläutert hervorgehn wird.

Der Gedanke einer allgemeineren Einführung des Halkettschen Systems hat aber auch in der That etwas Großartiges. Man stelle sich vor, dieses Culturverfahren werde in einem ganzen District angewendet; welche Umwälzung wird nicht dadurch der ganze Landwirthschaftsbetrieb erfahren? In den durch ein mildes Klima gesegneten Gegenden Europas würde es durch die schnellste Ausführung aller Culturarbeiten möglich werden, selbst zwei vollständige Ernten im Jahre dem Boden abzugewinnen. Kommen dabei die einzelnen Territorial-Besitzer überein, gleichweite Schienenwege anzulegen, so gewährt das System zugleich das leichteste Transportmittel für alle Gegenstände. Der Dünger aus den Städten ist dann, ohne den Schienenweg zu verlassen, nach jeder Stelle des Districts zu schaffen und ebenso die Erzeugnisse der Wirthschaft mit derselben Leichtigkeit zu Markte zu führen; die einzelnen Farms können je nach Bedürfniß ihre Producte austauschen u. s. w. Von diesem allgemeineren Gesichtspunkte aus erscheint das Halkettsche System in der That in einem erhabenen Lichte, indem es aus den engern Grenzen des Landbaus in das allgemeine Gebiet der Volkswirthschaft hinübergreift.

Im Rückblick auf das über die Dampf-Bodencultur Gesagte kommen wir zu dem Schlusse, daß dieselbe in ihrer jetzigen Ausbildung den Anforderungen der Praxis noch nicht vollkommen entspricht. Einzelne Systeme — die Zugmaschine mit den davon getrennten Ackergeräthen, wie die rotirenden Cultivatoren — erweisen sich in ihrer jetzigen Construction mehr oder minder untauglich und bieten wenig Aussicht zum endlichen Gelingen. Als am meisten ausgebildet und unter gewissen Verhältnissen wie für bestimmte Zwecke auch mit Vortheil anwendbar gilt dagegen die Dampfcultur nach dem indirecten Zugsystem, und unter den hieher gehörigen verschiedenen Constructionen gewährt der Fowlersche Apparat die meisten Vorzüge. Das System ist auf geneigtem Terrain gleich gut anwendbar und leistet ganz besonders für die Tiefcultur auf schwerem Boden, wo so häufig die Gespannkraft unzulänglich erscheint, Befriedigendes. Trotz aller Verbesserungen, welche dasselbe in den letzten Jahren erfahren, entspricht es jedoch noch nicht allen Anforderungen. Namentlich erscheinen die Hoffnungen einzelner englischer Landwirthe zu hoch gespannt, wenn sie annehmen, daß es durch dieses System gelingen werde, mittelst einer feststehenden Dampfmaschine vom Wirthschaftshofe aus die gesammten Aecker unter erheblicher Kostenersparniß zu cultiviren. Endlich hatten wir das System von Halkett, welches, wenn auch am wenigsten ausgebildet und in dem jetzigen Zustande zur Einführung unreif, auf einem gesunden Principe beruht und von unberechenbarer Tragweite für die Zukunft ist. Freilich wird bei einer Culturmethode wie der Halkettschen, welche eine durchgreifende Umwälzung des ganzen Wirthschaftbetriebes erfordert, Niemand sich zur Einführung früher verstehen, bis der Erfolg im Einzelnen durch umfassende Versuche gesichert ist.

Im Hinblick auf deutsche Wirthschaften können wir die Dampf-Bodencultur in den verschiedenen Systemen für unsere Verhältnisse als unbedingt vortheilhaft noch nicht anerkennen. In einzelnen Fällen bei ausgedehnten Wirthschaften dürfte für jetzt höchstens Fowler's Apparat zur Tiefcultur gebundener Aecker zu empfehlen sein, wenn die Lokomobile gleichzeitig auf dem Gute ausreichende Beschäftigung erhält. Dagegen machen es die großen Fortschritte, welche die Dampfcultur in Großbritannien in so kurzer Zeit erfahren hat und die begründete Aussicht auf ein endliches Gelingen dem deutschen Landwirthe zur Pflicht, die weitere Entwickelung dieser neuen Cultur-Methode mit der größten Aufmerksamkeit zu verfolgen.

Anwendbarkeit der Dampfkraft in deutschen Wirthschaften.

Allgemeine Vergleichungspunkte.

Bei der Frage über die Anwendbarkeit der Dampfkraft auf deutsche Wirthschaften müssen wir zunächst die äußeren Verhältnisse Großbritanniens und Deutschlands miteinander vergleichen.

Das Klima Großbritanniens ist im Ganzen der Landwirthschaft recht günstig, obgleich in den einzelnen Theilen des vereinigten Königsreichs, im Osten und Westen Englands, in den hoch und niedrig gelegenen Districten Schottlands sich große Verschiedenheiten ergeben. Im Allgemeinen ist das englische Klima günstiger, als das schottische. Sowohl die Kälte des Winters wie die Hitze des Sommers wird durch die Seeluft gemildert, jedoch ist der Westen Englands feuchter, als der Osten. Die Kälte tritt gewöhnlich erst gegen Weihnachten ein, steigt selten auf 6—8° R. und ist nicht anhaltend, sodaß nur kurze Zeit im Jahre die Feldarbeiten unterbrochen werden.

Die klimatischen Verhältnisse der niedrig gelegenen Theile von Schottland, des Südens und Ostens, stimmen ziemlich mit denen des Westens von England überein, wohingegen der Norden und Westen Schottlands, die sogenannten Hochlande, eine rauhe, dem landwirthschaftlichen Betriebe durchaus ungünstige Lage haben. Lassen wir die unwirthbaren Gegenden der Hochlande unberücksichtigt, so ist beim Vergleiche des Klimas Großbritanniens mit unserm deutschen, welches sich durch eine größere Beständigkeit der Witterung und namentlich durch einen lang andauernden Winter auszeichnet, nicht zu verkennen, daß bei uns der Landwirthschaftsbetrieb im Allgemeinen und insbesondere die Einführung der Dampfkraft mit größern Schwierigkeiten verknüpft ist.

Nächstdem haben wir die Arbeiter-Verhältnisse beider Länder in Betracht zu ziehn. Wie aus den frühern Mittheilungen hervorgeht, macht sich in Großbritannien ein fühlbarer Mangel an Handarbeitskraft im Ganzen nicht geltend, obgleich viele Menschenhände dem Landbau durch die Industrie entzogen sind. Dagegen ist von Jahr zu Jahr eine Steigerung der Löhne eingetreten. Das Arbeitspersonal selbst besteht neben dem Gesinde, aus den auf ein Jahr angenommenen Arbeiterfamilien und den eigentlich freien, nur zeitweise beschäftigten Arbeitern.

Stellen wir hiermit die deutschen Arbeiter-Verhältnisse zusammen, so finden wir in den einzelnen Gegenden unseres Vaterlandes, große Verschiedenheiten. Am ungünstigsten sind diejenigen Wirthschaften gestellt, welche ein ständiges Arbeitspersonal das ganze Jahr hindurch gleichmäßig zu beschäftigen und zu unterhalten verpflichtet sind. In der Mehrzahl der Fälle treffen wir jedoch ähnliche, ja fast gleiche Verhältnisse wie in Großbritannien, nämlich eine gewisse Zahl ständiger Arbeiterfamilien und daneben den freien Arbeiter.

In einzelnen Gegenden endlich mit dichter Bevölkerung und getheiltem Grundbesitze haben wir bei uns neben dem Gesinde ausschließlich die freien Arbeiter, und hier gestaltet sich das Verhältniß sowohl für den Wirthschaftsbetrieb im Ganzen wie für die Einführung und Benutzung der Dampfkraft insbesondere selbst günstiger, als auf den britischen Gütern.

Die Lohnsätze sind in Großbritannien, den gesteigerten Preisen der Lebensmittel entsprechend, um $^1/_3$ bis $^1/_2$ höher als in Deutschland.

Ein ferneres Moment ist die Größe der wirthschaftlichen Kapital-Anlage. Bekanntlich ist die englische und schottische Landwirthschaft mit einem reichen Betriebskapital ausgerüstet, während in den deutschen Wirthschaften im Allgemeinen ein viel geringeres Kapital zur Verfügung steht. Es ist jedoch in neuerer Zeit in erfreulicher Weise wahrnehmbar, daß auch bei uns die Intensivität des Betriebes zunimmt und immer reichere Mittel dem Landbau zufließen. Mag auch die deutsche Landwirthschaft in dieser Hinsicht immerhin noch ungünstiger, als die englische gestellt sein, so können wir schon unter den jetzigen Verhältnissen ein absolutes Hinderniß zur Einführung der Dampfkraft in deutsche Wirthschaften in dem Mangel an Kapital nicht erblicken.

Was endlich die Vertheilung des Grundbesitzes und die Größe der Güter betrifft, so finden wir in Großbritannien den Grund und Boden vorwaltend in den Händen einer geringen Zahl von Familien, aber die großen Besitzungen in Pachthöfe von mittlerer Größe getheilt. Ganz kleine Farms von 20 Acres, sowie andererseits Pachtgüter von mehr als 1000 Acres gehören zu den Ausnahmen; die vorwaltende Größe schwankt zwischen 150—800 Acres (225—1200 Morgen) und am häufigsten sind Güter von 300—500 Acres (450—750 Morgen.) Anders stellt sich das Verhältniß in Deutschland. Sehen wir von den Bauerngütern ab, so ist im Durchschnitt die Ausdehnung unserer Wirthschaften größer, als die der englichen Pachthöfe. Grade aber dieser größere Umfang des wirthschaftlichen Betriebes spricht für die Zweckmäßigkeit der Dampfbenutzung.

Ueberblicken wir diese, auf die Einführung der Dampfkraft in die Landwirthschaft einwirkenden allgemeinen Momente, so ist nicht zu verkennen, daß der engliche Wirthschaftsbetrieb sich für die Anwendung der Dampfmaschine günstiger stellt, als der deutsche Landbau. Als minder günstig sind in unseren deutschen Wirthschaften namentlich die klimatischen Verhältnisse und im Zusammenhange damit die schwierigere Beschäftigung der Arbeitskraft während des langen Winters und sodann die weniger reichen Betriebsmittel, deren Verkürzung durch die Anschaffung einer Dampfmaschine in manchen Fällen den Gesammtbetrieb lähmen würde, zu bezeichnen.

Tragen wir auch diesen Verhältnissen volle Rechnung, so sind dieselben bei gewissenhafter und vorurtheilsfreier Prüfung keineswegs ausreichend, um die lohnende Benutzung der Dampfkraft auch in unseren Wirthschaften in Frage zu stellen.

Einwendungen des deutschen Landwirthes.

Die besonderen Bedenken, welche der deutsche Landwirth gegen die Benutzung der Dampfkraft erheben wird, glauben wir in folgenden Punkten zusammenfassen zu können:

1. Brotlosmachen vieler Arbeiter,
2. Kostspielige Haltung eines Maschinisten,
3. Schwierigkeit der Reparatur der Dampfmaschine, und
4. Feuersgefahr und Hindernisse, welche von Seiten der Assecuranz-Gesellschaften gemacht werden.

Inwieweit nun diese Einwendungen thatsächlich begründet sind, wollen wir in Folgenden untersuchen:

1. Daß durch die Einführung der Dampfmaschine viele arbeitsfähige Hände wirklich ersetzt werden, haben wir in dem Früheren bei mehrfacher Gelegenheit nachgewiesen, und gewiß wird in manchen Fällen die Anwendung der Dampfkraft wie überhaupt arbeitersparender Maschinen an diesem Bedenken des deutschen Landwirths scheitern. Ein wirkliches Hinderniß der Benutzung der Dampfkraft kann darin jedoch erst dann angenommen werden, wenn eine anderweitige lohnende Beschäftigung der erübrigten Arbeitskraft im landwirthschaftlichen Betriebe nicht möglich ist. In den englischen und schottischen Wirthschaften sahen wir, daß daselbst die Einführung der Dampfmaschine mit geringer Ausnahme eine wesentlich verminderte Verwendung von Handarbeit nicht zur Folge gehabt hat. Die Masse der zu leistenden Arbeiten hat sich von Jahr zu Jahr vermehrt und die durch die Dampfmaschine erübrigte Arbeitskraft ist in den meisten Fällen für die Durchführung eines intensiven Wirthschaftsbetriebes ein dringendes Bedürfniß geworden. Sind wir nun aber in den deutschen Wirthschaften zu einer gleichen Annahme berechtigt? Daß in der Mehrzahl unserer Güter ein größeres Maß von Arbeitskraft, als bisher, mit Vortheil zu verwenden sei, geben wir gern zu, und es fragt sich nur, einmal zu welcher Jahreszeit und für welche Leistungen auch bei uns eine

vermehrte Verwendung von Arbeitskraft ein Bedürfniß ist und sodann, in welcher Zeit und bei welchen Arbeiten die Dampfbenutzung Menschenhände erübrigt. Den ersten Theil der Frage beantworten wir dahin, daß in unseren Wirthschaften mit weniger Ausnahme eine größere Zahl von Arbeitern vom Beginne des Frühjahres bis zum Eintritt des Frostes für die verschiedensten Arbeiten auf Hof, Feld, Wiese, Wald u. s. w. eine lohnende Beschäftigung erhalten kann. In Betreff des zweiten Theils unserer Frage sahen wir in dem Früheren, daß die jetzige Verwendung der Dampfkraft sich vorwaltend auf den Ausdrusch des Getreides, und die Zubereitung der Futtermittel, also auf Arbeiten während des Winters erstreckt.

Wir finden hiernach die deutschen Wirthschaften wegen der längeren Dauer des Winters, wo an und für sich die wirthschaftlichen Arbeiten beschränkt sind, minder günstig gestellt, als die Großbritanniens. Es werden die sonst gebotenen, unbestreitbaren Vortheile der Benutzung der Dampfkraft in demselben Grade vermindert werden, je länger der Winter andauert und je mehr man gezwungen ist, das Arbeitsbedürfniß der Wirthschaft durch ständige Arbeiter sich zu sichern. Bei der Verschiedenheit der klimatischen und Arbeiter-Verhältnisse Deutschlands findet jedoch hierin ein wesentlicher Unterschied statt. In den durch ein mildes Klima gesegneten Gegenden wird nämlich eine lohnende Beschäftigung der durch die Dampfkraft ersetzten Arbeiter in dem Spätherbst bis zum Winter hinein, vielleicht nur mit Ausnahme des auf wenige Wochen beschränkten Frostwetters, beim Spatpflügen, bei Wiesenarbeiten, Grabenfertigen, Drainirung, Mergel- und Moderfahren und anderen Arbeiten in hinreichendem Maße sich bieten. Anders ist es in den nördlichen Gegenden unseres Vaterlandes, wo von Mitte November bis Mitte März Erdarbeiten unausführbar sind und wo unter den gewöhnlichen Verhältnissen der Getreide-Ausdrusch die Hauptbeschäftigung der Arbeiter bildet. In solchen Wirthschaften mit ständigen Arbeiterfamilien kann die wirklich lohnende Benutzung der Dampfmaschine wohl in Frage kommeu. Es hängt dies jedoch immer von den lokalen Verhältnissen der Wirthschaft ab. In den meisten Fällen wird sich selbst hier noch mancherlei Gelegenheit zu anderweitiger Beschäftigung der erübrigten Arbeitskraft darbieten, so namentlich zum Schlagen und Zurichten des Holzes, Wege-Verbesserungen, Schneiden des Rohrs, Knüpfen von Strohseilen für die Ernte, Zubereitung des Flachses und Hanfes und sonstigen Füllarbeiten. Allgemein gültige Angaben lassen sich hierüber nicht machen, und wir erkennen wohl an, daß dem Landwirthe grade in Rücksicht auf den ländlichen Arbeiterstand in der Einführung und Benutzung der Dampfmaschine ein Mittel in die Hand gegeben wird, welches nur mit besonderer Umsicht und unter sorgfältiger Erwägung aller dabei in Betracht kommenden Verhältnisse anzuwenden ist. Es kommt darauf an, vor Einführung der Dampfkraft in jedem einzelnen Falle einerseits zu ermitteln, welche Nebenbeschäftigungen den ständigen Arbeitern zu schaffen sind, und andererseits, wo möglich in bestimmten Zahlen festzustellen, welche Vortheile unter den besonderen Verhältnissen aus der Benutzung der Dampfkraft für den Gesammtbetrieb der Wirthschaft erwachsen. Wohl möglich daß unter solcher Abwägung es der Gesammtvortheil erheischt, dem Arbeiterstande selbst Opfer zu bringen. In der That aber bieten sich dem Gutsherrn oder Pächter Mittel genug dar, der Noth, welche aus der Entziehung von Arbeit vielleicht für kurze Zeit hervorgeht, sei es durch Austheilung von Arbeiten, welche selbst nicht die Kosten decken, sei es durch Verabfolgen von Brotfrucht zu niedrigem Preise u. s. w. vorzubeugen.

2. Was der fernere Einwand, die kostspielige Haltung eines eigenen Maschinisten angeht, so haben wir in den englischen Wirthschaften gesehen, daß dort zur Bedienung der Dampfmaschine die gewöhnlichen Arbeiter angelernt und benutzt werden. Dem Landwirth steht die Wahl des Maschinenwärters frei und wird dessen Prüfung von Staatswegen nicht gefordert. Wir finden daher auf jenen Gütern den vielleicht heut zur Führung der Maschine bestimmten Arbeiter am folgenden Tage, wo der Dampfbetrieb ruht, mit anderen gewöhnlichen Wirthschafts-Arbeiten beschäftigt. Wäre der englische Farmer gezwungen, einen eigenen, ausschließlich mit der Bedienung der Maschine betrauten Wärter, der für andere Wirthschafts-Arbeiten nicht zu verwenden wäre, zu halten, so würde allerdings der Vortheil des Dampfbetriebes wegen der häufigen Unterbrechungen desselben durch die Kosten des Maschinisten nicht unerheblich geschmälert werden. In der That ist nun auch in unsern

deutschen Wirthschaften die kostspielige Anstellung und dauernde Unterhaltung eines eignen Maschinisten von Fach nicht erforderlich. Abgesehn von den englischen Erfahrungen ist selbst nach dem Urtheile deutscher Ingenieure die Anlernung eines nur einigermaßen geschickten, ländlichen Arbeiters zur Bedienung und Führung der Dampfmaschine recht gut zu erlangen. Denn die Construction derselben ist, wie wir früher sahen, durchaus nicht so complicirt, daß sie nicht bei richtiger Anleitung von dem Arbeiter verstanden werden könnte, und ebenso ist die Führung der in der Landwirthschaft gebrauchten Dampfmaschinen einfach. Wir beziehn uns in dieser Hinsicht auf die früher mitgetheilte Instruction für die Wartung und Behandlung der Lokomobile. Es kommt zur Vermeidung von Unglücksfällen hauptsächlich auf die Zuverlässigkeit des Wärters an und wir dürfen überzeugt sein, auch aus dem Kreise unseres ländlichen Arbeiterstandes stets geeignete Persönlichkeiten hierfür zu finden. Es wird dabei zweckmäßig sein, mehrere der tüchtigsten Arbeiter der betreffenden Wirthschaft mit der Bedienung und Führung der Dampfmaschine gleichzeitig einzuüben, damit bei Krankheits- oder anderen Verhinderungsfällen keine Störung im Betriebe eintrete. Eine mäßige Erhöhung des sonst gewöhnlichen Tagelohns wird für diese Arbeiter genügen, und sind dieselben an den Tagen, wo die Dampfmaschine nicht in Betrieb ist, für andere Wirthschafts-Arbeiten zu verwenden. Aber selbst in dem gewiß seltenen Falle, daß unter dem Arbeitspersonal der Wirthschaft ein für die Wartung der Maschine tauglicher Mann nicht zu finden wäre, so ließe sich immer noch der Ausweg treffen, einen Arbeiter aus einer Maschinenfabrik, am besten einen Schlosser, zu engagiren. Ein solcher Mann wird in einer größeren Wirthschaft in der Zeit, wo der Dampfbetrieb ruht, immer eine lohnende Beschäftigung durch die Reparatur der landwirthschaftlichen Maschinen oder ähnliche Arbeiten erhalten. Wir können daher als Behinderungsgrund der Einführung der Dampfmaschine in deutsche Wirthschaften die kostspielige Haltung eines eignen Maschinisten nicht gelten lassen. Bei der Verwendung ländlicher Arbeiter zur Führung der Dampfmaschine wird es allerdings stets erforderlich sein, dieselbe zeitweise der Revision eines Maschinenbauers von Fach zu unterwerfen.

Man wird nun vielleicht die Behauptung aufstellen, daß wenigstens die Gesetzgebung zur Haltung eines besonderen Maschinisten nöthige. Wenn es auch nicht zu bestreiten sei, daß der ländliche Arbeiter zur Führung und Wartung der Dampfmaschine mit Erfolg angeleitet werden könne, so fordere doch das Gesetz, daß ein besonders qualificirter Maschinist die Maschine bediene. Indeß auch dieser Einwand ist unbegründet. Wie die nachstehende Darstellung der gesetzlichen Bestimmungen über die Wahl und Qualification der Maschinenwärter, welche ich den Mittheilungen des Herrn Kreisrichters und Privatdocenten Dr. Achenbach verdanke, beweisen dürfte, stellt die deutsche Gesetzgebung der Verwendung ländlicher Arbeiter zur Führung und Wartung der Dampfmaschinen in unseren Wirthschaften kein Hinderniß von Erheblichkeit in den Weg. Des Zusammenhanges wegen soll dieser Darstellung eine kurze Mittheilung des Herrn Dr. Achenbach über Concessionirung von Dampfmaschinen und Dampfkesseln angeschlossen werden.

Abgesehen von den Maschinisten auf Dampfschiffen und den bei eigentlichen Eisenbahnen verwendeten Lokomotiven, besteht in dem größeren Theile der deutschen Gesetzgebungen keine Vorschrift, nach welcher Maschinenwärter und Heizer sich einer Prüfung bei der Staatsbehörde zu unterwerfen hätten. Es gilt im Allgemeinen nur die Bestimmung, daß lediglich erfahrene Arbeiter zum Amte des Maschinisten zu berufen sind. Hierauf hat der die Kessel-Anlage überwachende Ingenieur, ähnlich wie in Frankreich und Belgien, auch bei uns sein Augenmerk zu richten. Unzuverlässige, wenig begabte Arbeiter sollen daher von der Wartung des Kessels fern gehalten werden. Eine verständige, zuverlässige Person wird dagegen in ganz kurzer Zeit diejenige Erfahrung gewonnen haben, welche der revidirende Staatsbeamte oder das Gesetz bei Wartung einer so einfachen Maschine, als der in der Landwirthschaft gebrauchten Dampf-Maschine verlangen kann. Das zur Ausführung des Gesetzes vom 7. Mai 1856 (Gesetz-Sammlung für 1856. S. 295) erlassene ministerielle Regulativ vom 23. August dess. Jahres schreibt beispielsweise für das Königreich Preußen vor:

§ 5. Der mit der Untersuchung beauftragte Sachverständige hat sich davon zu überzeugen, *ob der Kesselwärter die zur Sicherheit des Betriebes erforderlichen Vorrichtungen kennt und anzuwenden versteht.*

Man wird zugeben müssen, daß das hier geforderte Maß der Kenntniß und Erfahrung für einen aufgeweckten Arbeiter nicht schwer zu erlangen ist. Eine solche Kenntniß und Erfahrung erscheint allerdings für den Kesselwärter schon deßhalb nothwendig, um nicht in die im § 2 des erwähnten Gesetzes angedrohte Strafe bis zu 200 Thlr. Geldbuße oder bis zu 3 Monaten Gefängniß zu fallen. Diese Strafe soll nämlich eintreten, wenn der Kesselwärter „die zum gefahrlosen Betriebe des Kessels erforderlichen Verrichtungen unterläßt oder einen in gefahrlosem Zustande nicht befindlichen Kessel in Betrieb erhält.“

Bis jetzt hat man die mitgetheilte allgemeine Vorschrift in Preußen für ausreichend erachtet. Dieses mehr negative Verhalten einer so vorsorglichen Regierung, als der Preußischen, wird den Beweis liefern können, daß auf dem hier vorliegenden Gebiete weiter gehende Maßregeln überhaupt verwerflich weil unnöthig sind. Und doch beziehen sich die im Regulative vom 23. August 1856 getroffenen Anordnungen nicht blos auf Dampfkessel in der Landwirthschaft, in gewöhnlichen Fabriken, sondern auch auf solche in Bergwerken, wo oft durch die Verbindung der Dampf-Maschine mit der Wasserhaltung u. s. w. das Leben vieler Menschen von dem ordnungsmäßigen Gange der Dampf-Maschine mehr oder weniger abhängig ist. Auch in unseren Bergwerken werden meistentheils nur gewöhnliche Bergarbeiter als Heizer angestellt, nachdem dieselben einige Zeit unter Aufsicht und Leitung eines bereits erfahrenen Arbeiters zu diesem Geschäfte vorbereitet sind.

Selbst wo in Preußen durch specielle Regierungs-Verordnungen auf Grund des Gesetzes vom 11. März 1850 oder in anderen deutschen Ländern eine eigentliche Prüfung des Kesselwärters vor dessen Verwendung vorgeschrieben ist, wird und kann dieselbe keinen anderen Zweck als die Feststellung der Fähigkeiten und der praktischen Erfahrung des betreffenden Arbeiters haben. Es muß bei einer solchen Prüfung speciell auf die Maschine, zu deren Wartung ein solcher Arbeiter berufen werden soll, Rücksicht genommen werden. Eine eigentlich technische oder gar wissenschaftliche Vorbildung wird nicht verlangt. Man kann hier darauf verweisen, daß das französische Decret vom 3. Januar 1813 (Art. 25) sogar von den weit wichtigern Aufsichts-Beamten der Privat-Bergwerke nur praktische Erfahrung, der Preuß. Ministerial-Erlaß vom 30. Mai 1852 ebenfalls nur praktische Ausbildung und Erfahrung, theoretische Kenntniß aber „in geringem Maße" verlangt.

Demnach darf mit Fug und Recht behauptet werden, daß weder gegenwärtig die Gesetzgebung der Verwendung ländlicher Arbeiter zur Wartung der Dampfmaschinen ein wesentliches Hinderniß entgegen stellt, noch auch in Zukunft entgegen stellen wird oder kann.

Nicht ganz so einfach, wie die Vorschriften über den Kesselheizer, sind allerdings die deutschen Gesetze über die Concessionirung der Dampfkessel und Dampfmaschinen. Indeß auch letztere, so complicirt dieselben sein mögen, können gewiß nicht als ein Hinderniß der Anwendbarkeit der Dampfkraft bei der Landwirthschaft angesehen werden. Die Industrie überwindet täglich solche Schwierigkeiten nach allen Seiten hin, der Landwirthschaft wird die Besiegung eines einzelnen Hindernisses im Hinblicke auf die Erfolge und die Thatkraft ihrer Schwester gewiß keine schwierige Aufgabe sein können. Wir glauben nicht zu irren, wenn wir die Preußische Gesetzgebung als eine der complicirtesten des Continents in Betreff der Concessionirung der Dampfmaschinen bezeichnen, die selbst der Französischen auf Grund der Ordonnanz vom 22. Mai 1843 nicht nachsteht. Es wird daher zum Ueberblicke genügen, wenn die Preußische Gesetzgebung über das Concessions-Wesen bei Dampfkesseln hier in ihren Grundzügen angedeutet wird.

Nach §. 27 der Allgemeinen Gewerbe-Ordnung vom 17. Januar 1845 (Gesetz-Sammlung für 1845 S. 41—78) gehören Dampfmaschinen, Dampfkessel und Dampfentwickler zu denjenigen gewerblichen Anlagen, welche einer besonderen polizeilichen Genehmigung bedürfen. Gemäß §. 37 hat diese polizeiliche Genehmigung oder Concession in allen Fällen die betreffende Bezirks-Regierung zu ertheilen. Dem Antrag auf Concession sollen nach Vorschrift des Regulatives vom 6. September 1848 (Gesetz-Sammlung für 1848 S. 321) folgende Zeichnungen und Beschreibungen in doppelter Ausfertigung für den Fall beigefügt sein, daß die Anlage eines feststehenden Dampfkessels beabsichtigt wird.

1. ein Situationsplan, welcher die zunächst an den Ort der Aufstellung stoßenden Grundstücke umfaßt und, in einem hinreichende Deutlichkeit gewährenden Maßstabe aufgetragen ist;

2. ein Bauriß, wie er von dem Erbauer wegen Angabe der erforderlichen Räume geliefert wird, aus welchem sich der Standpunkt der Maschine und des Kessels, der Standpunkt und die Höhe des Schornsteins und die Lage der Feuer- und Rauchröhren gegen die benachbarten Grundstücke deutlich ergeben muß; hierzu kann den Umständen nach ein einfacher Grundriß und eine Längenansicht oder ein Durchschnitt genügen;
3. eine Zeichnung des Kessels in einfachen Linien, aus welcher die Größe der vom Feuer berührten Fläche zu berechnen und die Höhe des Wasserstandes zu ersehen ist;
4. eine Beschreibung, in welcher die Dimensionen des Kessels, die Stärke und Beschaffenheit des Materials, die Art der Zusammensetzung, die Dimensionen der Ventile und deren Belastung, sowie die Einrichtung der Speisevorrichtung und der Feuerung genau angegeben sind.

Hat die Regierung im Allgemeinen gegen die Anlage Nichts zu erinnern, so findet durch die Orts-Polizeibehörde die einmalige Publication des Gesuches im Amtsblatte und auf ortsübliche Weise unter der Aufforderung statt, etwaige Einwendungen wider die Anlage binnen vier Wochen nach Ausgabe des betreffenden Amtsblattes anzumelden.

Einwendungen privatrechtlicher Natur werden auf den Rechtsweg verwiesen, ohne daß hierdurch die Ertheilung der Concession aufgeschoben würde. In Betreff der Einwendungen anderer Art hat die Ortspolizei-Behörde unter Zuziehung des Unternehmers zu verhandeln und alsdann die geschlossenen Acten der Regierung einzureichen. Die Regierung erläßt hierauf einen Bescheid, gegen welchen binnen zehn Tagen nach der Eröffnung die Anmeldung des Recurses an die Ministerien zulässig ist.

Sind auf diesem Wege die Einwendungen beseitigt, so hat die Regierung das Gesuch noch mit Rücksicht auf die bestehenden feuer-, bau- und gesundheitspolizeilichen Vorschriften zu prüfen und hiernach in der Concessions-Urkunde die geeignet scheinenden Bedingungen zu stellen.

Es ist unter Anderem in dieser Beziehung allgemein vorgeschrieben, daß unterhalb solcher Räume, in welchen Menschen sich aufzuhalten pflegen, Dampfkessel, deren vom Feuer berührte

Fläche mehr als fünfzig Quadratfuß beträgt, nicht aufgestellt werden dürfen. Innerhalb solcher Räume, in welchen Menschen sich aufzuhalten pflegen, dürfen diese Kessel nur dann aufgestellt werden, wenn die Räume (Arbeitssäle oder Werkstellen) sich in einzeln stehenden Gebäuden befinden und eine verhältnißmäßig bedeutende Grundfläche und Höhe besitzen. Von Nachbar-Gebäuden sollen überhaupt Dampfkessel, wenn ihre Entfernung nicht mehr als zehn Fuß beträgt, durch eine Mauer getrennt werden, welche eine Stärke von zwei Fuß, eine Höhe von drei Fuß über dem höchsten Dampfraum des Kessels und eine der Länge des Rauchgemäuers des Kessels gleiche Länge haben muß.

In Betreff der Feuerung ist auf eine möglichst vollkommene Verzehrung des Rauchs oder eine derartige Abführung desselben durch Schornsteine hinzuwirken, daß benachbarte Grundbesitzer nicht erheblich durch die Anlage belästigt werden können.

Nach diesen und ähnlichen Vorschriften bestimmen sich die Bedingungen der Concessions-Urkunde, welche nebst einem Exemplar der eingereichten, inzwischen beglaubigten Zeichnungen und Beschreibungen dem Antragsteller zugefertigt wird.

Ueber die gesetzlich nothwendige Beschaffenheit der Dampfkessel und der Sicherheitsvorrichtungen im Einzelnen ist es unnöthig, hier das Nähere anzugeben, da der Maschinen-Fabrikant und der vom Concessionsbewerber beauftragte Techniker auf die vorgeschriebenen Vorrichtungen zur Erkennung der Wasserstandshöhe im Kessel, zur Angabe des stattfindenden Druckes der Dämpfe, zur Speisung des Kessels, auf die nöthigen Sicherheitsventile und die gesetzliche erforderliche Wandstärke des Kessels von selbst Rücksicht nehmen wird. In dieser Beziehung kann die Untersuchung des Kessels schon vor dessen Aufstellung in der Fabrik erfolgen.

Es ist übrigens überhaupt bei 10 bis 50 Thlr. verboten (Kab.-Ordre v. 1. Januar 1831, Gesetz-Sammlung für 1831 S. 243), eine Dampfmaschine früher in Betrieb zu setzen, als eine amtlich vorgenommene Untersuchung constatirt hat, daß die aufgestellte Maschine der ertheilten Concessions-Urkunde und den bestehenden Vorschriften entspricht. Zur Eröffnung des Betriebes muß also eine specielle Erlaubniß der Regierung ertheilt werden.

Nach §. 36. der Gewerbe-Ordnung, zieht eine Veränderung in

der Lage oder Beschaffenheit der Betriebsstätte die Nothwendigkeit einer neuen Concession nach sich.

Obwohl nun das zuletzt genannte Gesetz seinem Wortlaute nach auf Dampfmaschinen und Dampfkessel aller Art Anwendung finden muß, so ist doch vom königlichen Ministerium für Handel, Gewerbe und öffentliche Arbeiten durch Circular-Erlaß vom 13. März 1855 (Staats-Anzeiger 1855. S. 473) mit besonderer Rücksicht auf die Interessen der Landwirthschaft entschieden worden, daß bei beweglichen Dampfkesseln die Vorschriften der Allgemeinen Gewerbe-Ordnung über das Concessions-Verfahren nicht Platz greifen sollen. Der Erlaß führt aus, daß letztere eine feste Betriebsstätte und einen fortdauernden Betrieb des Kessels an einer bestimmten Stelle zu ihrer Voraussetzung haben, daß bei beweglichen kleineren Dampfmaschinen — s. g. Lokomobilen — die Rücksichten auf Grundbesitzer nicht in gleichem Maße wie bei stehenden Dampfkesseln zu nehmen sind, ja daß die Anwendung der für letztere gegebenen Vorschriften auf Lokomobilen es unmöglich machen würde, dieselben überhaupt zu gebrauchen. Aus diesen Gründen sollen die einzelnen Bezirks-Regierungen über die Zulassung, Aufstellung und den Betrieb der Lokomobilen nach Maßgabe des Gesetzes vom 11. März 1850 Polizei-Verordnungen erlassen. Bei diesen Polizei-Verordnungen ist an folgenden Grundsätzen festzuhalten:

1. die Inbetriebsetzung einer Lokomobile darf ohne vorgängige Genehmigung der Bezirks-Regierung nicht erfolgen;
2. in Betreff der Beschaffenheit der Dampfkessel, der Sicherheits-Vorrichtungen und der vorzunehmenden Untersuchung gelten die Bestimmungen über stehende Dampfkessel;
3. der Dampfkessel, auf welchen sich die Genehmigung der Bezirksregierung bezieht, muß zur Feststellung der Identität mit dem Namen und Wohnorte des Fabrikanten und der fortlaufenden Fabrik-Nummer bezeichnet sein;
4. in feuerpolizeilicher Rücksicht sollen die Lokomobilen Vorrichtungen, wie z. B. verschließbare Aschenkasten, erhalten, durch welche dem Verwehen glühender Kohlentheile möglichst vorgebeugt wird. Die wegen der Entfernung neuer Feuerungs-Anlagen von Gebäuden in dem betreffenden Bezirke geltenden Vorschriften sind auch bei Lokomobileu zum Anhalte zu nehmen.

5. Zur Verhütung der Belästigung der Nachbarschaft durch Rauch wird als genügend angesehen, daß der Schornstein der Feuerung die Firste der in geringerer Entfernung als 50 Fuß vom Aufstellungs-Orte belegenen Wohngebäude um 5 Fuß überagt. Hiervon soll jedoch Abstand genommen werden, wenn die Eigenthümer der benachbarten Häuser damit einverstanden sind;
6. die polizeiliche Controlle in Betreff der Aufstellung und des Betriebes der Lokomobilen soll durch die Ortspolizei-Behörden stattfinden.

Diese Grundsätze sind in den einzelnen Polizei-Verordnungen der Bezirks-Regierungen festgehalten und deren Uebertretungen mit Strafen von 1 bis 10 Thlr. oder verhältnißmäßigem Gefängniß bedroht. Beispielsweise wird auf die Verordnung der königlichen Regierung zu Cöln vom 12. December 1855 (Cölner Amtsbl. 1855 Nr. 52. S. 373) verwiesen. Wenn auch nach dem Mitgetheilten in Preußen zwar noch andere Anforderungen bei Anlage eines Dampfkessels gestellt werden, als beispielsweise nach c. 108 IV. der Acte aus dem 18. und 19. Regierungsjahr der Königin Victoria: Every steam-boiler shall be provided with a proper steam-gauge, water-gauge and safety-valve, (jeder Dampfkessel soll einen Manometer, einen Wasserstandszeiger und ein Sicherheits-Ventil haben), so liegt doch auf der Hand, daß die Erfüllung der Preußischen Vorschriften ohne sehr erhebliche Schwierigkeiten geschehen kann. In anzuerkennender Vorsorge hat das Preußische Handels-Ministerium den Gebrauch der Lokomobilen gerade im besonderen Interesse der Landwirthschaft erleichtert; es wird darauf ankommen, von dieser günstigen Auslegung und Anwendung des Gesetzes einen ausgedehnten Gebrauch zu machen.

Aehnliches läßt sich von der Gesetzgebung anderer deutscher Länder auf diesem Gebiete sagen.

3. Die Schwierigkeit der Reparatur der Dampfmaschine wird häufig viel zu hoch angeschlagen. Zunächst ist dabei hervorzuheben, daß größere Reparaturen, wie der Bruch von Maschinentheilen bei sorgsamer Führung höchst selten vorkommen und daß die Abnutzung der Theile des Bewegungs-Mechanismus bei fleißigem Schmieren und sorgfältiger Reinhaltung äußerst gering ist. Kleinere Reparaturen erstrecken sich hauptsächlich auf die Lager der

Pleuelstange und der Kurbelwelle, sowie auf die Correction der Führungsschlitten. Dieselben sind durch den Maschinenwärter auszuführen. Außerdem aber werden für diejenigen größeren Maschinentheile, welche einem Bruch oder einer stärkeren Abnutzung unterliegen, in der Regel Ersatzstücke von der Fabrik geliefert und vorräthig gehalten, sodaß selbst in einem solchen Falle eine längere Störung des Betriebes nicht zu befürchten ist. Endlich aber finden sich gegenwärtig Maschinenfabriken fast in jeder Gegend, sodaß größere Reparaturen leicht von dort aus besorgt werden können.

Endlich 4. wird der deutsche Landwirth bei Einführung der Dampfkraft ein Hinderniß erblicken in der anscheinend damit verbundenen großen Feuersgefahr, sowie in den von Seiten der Feuer-Assecuranz-Gesellschaften bei der Versicherung seines Gehöfts etwa zu erhebenden Schwierigkeiten. Erinnern wir uns hierbei zunächst an die betreffenden früher geschilderten Verhältnisse der englischen Güter. Dort fanden wir das liberalste Verfahren der Assecuranz-Gesellschaften. Es werden von denselben bei den Versicherungen solcher Farms, in denen Lokomobilen in Betrieb sind, weder höhere Prämiensätze beansprucht, noch irgend welche, den Gebrauch der Dampfkraft behindernde Bedingungen auferlegt. Nach den in Großbritannien gemachten Erfahrungen war ferner die uns stets in Besorgniß haltende Feuersgefahr gering und weniger in den mit vortrefflichen Sicherheits-Vorkehrungen ausgerüsteten Dampfmaschinen selbst, als in ihrer nachlässigen Bedienung begründet.

Wir können daher nur wünschen, daß auch bei uns die in England befolgten Grundsätze der Assecuranz-Societäten maßgebend sein möchten. Leider haben sich einzelne Gesellschaften durch unbegründete Besorgnisse verleiten lassen, in der Einführung von Lokomobilen große Gefahren zu erblicken. Wir wollen deshalb grade diesen Punkt auf das Sorgfältigste prüfen. Es unterliegt keinem Zweifel, daß der Deutsche von Jugend auf durch die umfassenden und strengen Polizei-Bestimmungen in allen auf Feuersgefahr bezüglichen Dingen ungleich ängstlicher geworden ist, als der Engländer. Dazu kommt weiter, daß nach den Gesetzgebungen des Festlandes die Staatsbehörden den Betrieb und die Anwendung der Dampfmaschinen überwachen. Sowohl hierdurch, wie durch die vielen Cautelen, welche in den Concessions- und Erlaubniß-

Urkunden getroffen werden, sind die Interessen der Assecuranz-Gesellschaften bei uns von vorn herein auf das Beste wahrgenommen. Andererseits ist nicht zu verkennen, daß wir in unsern deutschen Wirthschaften es noch immer mit einem weniger geschickten und ausgebildeten Arbeitspersonal zu thun haben, als in den englischen Farms der Fall ist. Auch müssen wir die Neuheit des Dampfbetriebes in Anschlag bringen.

Sollten unsere Versicherungs-Anstalten nach reiflicher Erwägung der Meinung sein, die Einführung der Lokomobilen mit besonderen Vorsichtsmaßregeln umgeben zu müssen, so wird die deutsche Landwirthschaft gern, des höheren Zweckes wegen, einige Vortheile des Dampfbetriebes zeitweilig opfern, in der zuversichtlichen Aussicht, daß in kurzer Frist die Ueberzeugung von der Gefahrlosigkeit desselben sich auch in Deutschland Bahn brechen werde.

Die Vorsichtsmaßregeln, welche von den Assecuranz-Gesellschaften im äußersten Falle gefordert werden könnten, dürften folgende Punkte betreffen.

a. Die Construction der Lokomobile selbst.

Es sollten nur solche zur Anwendung zugelassen werden, welche einmal zur Verhütung des Aussprühens von glühenden Funken mit doppelten Funkenfängern versehen sind und außerdem geschlossene, wo möglich Wasser enthaltende Aschenkasten besitzen.

b. Die Art des zu verwendenden Brennmaterials.

Da unter den verschiedenen Brennstoffen die Steinkohle die wenigsten und kleinsten Funken, das Holz dagegen zahlreichere und größere erzeugt, so sollte die Holzfeuerung wenigstens vorläufig nicht erlaubt sein. Auch in den englischen Gütern widersetzten sich die Assecuranz-Gesellschaften, wie oben erwähnt, bis zum Jahre 1857 der Heizung der Lokomobilen mit Holz. Bei den verbesserten neueren Constructionen der Dampfmaschinen, namentlich nach Einrichtung der Funkenfänger, sind dieselben in den letzten Jahren auch von diesem Verbote abgegangen.

c. Die Bedienung der Dampfmaschinen.

Das Anheizen der Lokomobile kann nach ihrer Aufstellung an

dem Orte, wo sie arbeiten soll, geschehen, jedoch ist dabei mit besonderer Vorsicht zu Werke zu gehen, wenn leicht entzündbare Stoffe sich in der Nähe befinden. Sind während der Feuerung Schlacken herauszunehmen, so müssen dieselben sofort in ein dicht neben der Maschine stehendes, mit Wasser gefülltes Gefäß geschüttet werden. Nach beendigter Arbeit geschieht das Auslöschen der im Feuerheerde noch befindlichen brennenden Kohlen am besten durch Absperren des Luftzuges im Schornstein und unter dem Feuerroste. Enthält der Aschenkasten Wasser, so kann man die Asche gleich nach dem Erlöschen des Feuers entfernen, bei anders eingerichteten, zwar immer geschlossenen Aschenbehältern ist es dagegen rathsam, mit dem Herausnehmen der Asche bis zum andern Tage zu warten. Nach Beendigung der täglichen Arbeit kann die Lokomobile auf dem Platze ihrer Aufstellung verbleiben.

d. Die Aufstellung der Lokomobile.

Da der Vortheil des Dampfmaschinen-Betriebes hauptsächlich von der vielseitigsten Benutzung abhängt, so erscheint die Aufstellung der Lokomobile an den verschiedenen Orten des Wirthschaftsgehöfts zum Betriebe der Dreschmaschine, des Häcksel- und Wurzelwerkschneiders, der Schrot- und Mahlmühle 2c. nothwendig. Die Verbindung der betreffenden Arbeitsmaschinen mit der Lokomobile wird durch Treibriemen und Riemscheiben vermittelt. In den englischen Wirthschaften kann dieselbe, wie wir früher sahen, an jeder Stelle des Gehöfts ohne irgend welche Beschränkung aufgestellt werden. Bei der leichten Bauart der dortigen Oekonomie-Gebäude muß die Feuersgefahr offenbar größer sein, als in unsern mehr massiven Wirthschaftshöfen. Um aber auch in dieser Hinsicht mit verdoppelter Vorsicht zu Werke zu gehn, möchte der Forderung folgender Sicherheitsmaßnahmen Seitens unserer Assecuranz-Gesellschaften nachzugeben sein:

1. Innerhalb der Oekonomie-Gebäude selbst werde die Lokomobile nur in abgesonderten, feuersichern Räumen aufgestellt.

2. Bei der Verwendung für die einzelnen Arbeiten muß die Lokomobile mindestens 10 Fuß von den die Arbeitsmaschinen enthaltenden Gebäuden entfernt bleiben, um dieselben in allen Fällen bei Entzündung von umherliegendem Stroh durch herausgenom-

mene Schlacken oder bei einem etwaigen Aussprühen von Funken zu schützen. Da der Treibriemen, durch welchen die Kraft auf die Maschinen übertragen wird, eine Länge von 25 Fuß und darüber haben kann, so läßt sich dieser Forderung leicht entsprechen. In den Wänden der betreffenden Gebäude sind zur Durchführung des Treibriemens Oeffnungen von 2 Fuß Höhe und ½ Fuß Breite zu brechen und mit kleinen verschließbaren Laden zu versehen. Ferner wäre noch die Vorsichtsmaßregel zu treffen, daß vom Stande der Lokomobile aus etwa auf 25—30 Schritte Entfernung alle in den Gebäuden befindlichen Oeffnungen, namentlich die Luftzüge der Scheunen und Stallungen durch Klappen während des Betriebes der Dampfmaschine geschlossen bleiben. Endlich dürfte der Gebrauch der Lokomobile selbst unter den angegebenen Vorsichtsmaßregeln in der Nähe von Gebäuden mit Strohbedachung zu untersagen sein.

Wir haben bei den obigen Vorschlägen alle nur irgend möglichen Veranlassungen einer Feuersgefahr beim Betriebe der Lokomobile im Auge gehabt, und hiernach im Gegensatz zu dem englischen Verfahren umfassende Vorsichtsmaßregeln empfohlen. Es ist dies in der doppelten Absicht geschehn, damit einmal jedweder Feuerschaden, der durch den Dampfbetrieb bei der Neuheit des Verfahrens verursacht werden könnte, sicher vermieden werde und sodann, um unseren deutschen Gesellschaften mit Vorschlägen entgegen zu kommen, bei deren Erfüllung dieselben sich zur Versicherung solcher Güter ohne alles Bedenken bereit erklären können. Es steht dabei zu hoffen, daß unter diesen umfassenden Vorsichtsmaßregeln unsere Gesellschaften, nach dem Vorgange der englischen, die gewöhnlichen Sätze bei solchen Versicherungen nicht erhöhen werden. Die Geneigtheit derselben zur Versicherung solcher Güter, ohne noch weiter gehende Bedingungen zu stellen, ist für die Einführung der Dampfkraft in die deutsche Landwirthschaft von entscheidender Bedeutung. Würden einzelne Gesellschaften soweit gehen, die Versicherung des Hofes während des Betriebs der Lokomobile (und vielleicht selbst noch 24 Stunden nach beendigter Arbeit!) aufzuheben, so wäre bei dem Streben nach einer möglichst vielseitigen, wenn auch oft unterbrochenen Benutzung der Dampfkraft die ganze Versicherung selbst illusorisch. Man würde sich dann ohne Schutz gegen ruchlose Brandstiftung befinden. Wünschen wir daher in einer so wichtigen Frage ein freundliches Entgegenkommen von beiden Seiten. Hat man nur erst durch die Erfahrung einiger Jahre die Ueberzeugung von der thatsächlich geringen Feuersgefahr gewonnen, so ist sicher zu hoffen, daß man sich auch bei uns bald zum gänzlichen Freigeben des Dampfbetriebes auf den versicherten Gütern verstehen werde.

Die von Seiten des deutschen Landwirths erhobenen Einwendungen erscheinen hiernach nicht ausreichend begründet. Wir glauben den Nachweis geliefert zu haben, daß darin ein triftiges Hinderniß der Benutzung der Dampfkraft in deutschen Wirthschaften nicht gefunden werden kann.

Welche Vortheile werden durch die Benutzung der Dampfkraft erlangt?

Die Vortheile der Dampfbenutzung für landwirthschaftliche Zwecke lassen sich unter dem doppelten Gesichtspunkte der Billigkeit und Raschheit zusammenfassen. In einem früheren Abschnitte über die Verwendung der Dampfkraft haben wir die außerordentlichen Leistungen kennen gelernt und darin den Nachweis einer schnellen und billigen Arbeits-Ausführung geliefert. Bei einem speciellen Eingehn lassen sich die daraus hervorgehenden besonderen Vortheile in folgenden Punkten angeben.

1. Directe Kostenersparniß.
2. Regelmäßige Ausführung mancher Arbeiten namentlich der Futterzubereitung, welche beim gewöhnlichen Wirthschaftsbetriebe wegen Mangels an Arbeitskraft oder wegen zu großer Kosten nicht gleichmäßig durchzuführen sind.
3. Benutzung günstiger Conjuncturen des Getreidehandels.
4. Rechtzeitige Beschaffung des Saatgetreides.

5. Schnelle Erlangung von Betriebskapital.
6. Ersparniß an Gebäudekapital namentlich bei Scheunen.
7. Erübrigung von Handarbeitskraft in stark beschäftigten Arbeitsperioden.

Zur Erläuterung der einzelnen Punkte mögen folgende Bemerkungen dienen.

1. Was die Kostenersparniß betrifft, wollen wir nur ein Beispiel anführen. Wir wählen den Getreide-Ausdrusch und nehmen an, daß die täglichen Betriebskosten der dazu benutzten 6pferdigen Dampfmaschine bei einer Beschäftigungsdauer von 100 Tagen 5 Thlr. 5 Sgr. betragen. Die Kostenberechnung stellt sich hiernach wie folgt:

	Thlr.	Sgr.	Pf.
1. Betriebskosten der Dampfmaschine per Tag	5	5	—
2. Für die Dreschmaschine zu einem Preise von 560 Thlr. an Zinsen 5% Unterhaltungs- und Abnutzungskosten 10%, zus. 15 % = 84 Thlr. auf nur 75 Tage vertheilt, während welcher die Maschine in Betrieb ist, per Tag . .	1	3	7
3. Zur Bedienung der Dreschmaschine per Tag: 1 Mann z. Speisen d. Maschine — Th. 20 S. — Pf. 9 Männer à 10 Sgr. . . . 3 „ — „ — „ 9 Frauen à 6 Sgr. . . . . 1 „ 24 „ — „	5	14	—
4. Lohn für einen Aufseher zur Ueberwachung des Ineinandergreifens der Arbeitskräfte 2c.	1	—	—
Die täglichen Betriebskosten betragen hiernach im Ganzen	12	22	7

Nach den früheren Durchschnitts-Angaben über die tägliche Leistung einer 6pferdigen Dampf-Dreschmaschine sind 200 Scheffel Weizen und 350—400 Scheffel Hafer anzunehmen.

Die Kosten des Ausdrusches betragen hiernach:
per Scheffel Weizen 1 Sgr. 11 Pf. und
„ „ Hafer 1 „ — „

Bei einem Marktpreise des Weizens von 2½ Thlr. und des Hafers zu 1 Thlr. per Scheffel geschieht dem Antheil nach der Ausdrusch des Weizens um pp. den 40sten Scheffel, der des Hafers um den 28sten. Vergleichen wir hiermit die üblichen Lohnsätze beim Handdrusch, so werden bei Benutzung der Dampfkraft über die Hälfte der Kosten erspart.

Geschieht der Ausdrusch des Getreides im Freien durch die Lokomobile, so ist es zur Vermeidung einer häufigen Umstellung derselben, welche immer Zeit und Kosten erfordert, zweckmäßig, gleich beim Aufsetzen der Getreidemieten darauf Rücksicht zu nehmen. Am besten ist es, das Getreide in Feimen von solcher Größe zu setzen, die der Maschine grade einen vollen Tag Beschäftigung gewähren und von solchen Feimen je 6 (zu jeder Seite 3) so zusammenzustellen, daß ein für die Dreschmaschine hinreichend breiter Raum zwischen denselben verbleibt, daß sie alle ziemlich gleichweit von der Maschine entfernt sind und so die Herbeischaffung der Garben zur Dreschtrommel ohne Gespann bewirkt werden kann. Auf diese Weise hat die einmal ordnungsmäßig aufgestellte Dampf-Dreschmaschine hinreichende Beschäftigung für eine Woche.

Die Kosten-Ersparniß bei den andern durch Dampfkraft ausgeführten Arbeiten ist der beim Getreide-Ausdrusch ziemlich gleich, in einzelnen Fällen noch höher.

2. Zu denjenigen wirthschaftlichen Operationen, deren regelmäßige Ausführung durch die Benutzung der Dampfkraft erleichtert wird, gehören namentlich die verschiedenen Arbeiten der Zubereitung der Futtermittel. Und grade für unsere deutschen Wirthschaften, wo man einer intensiven Ernährung des Viehstandes durch Kraftfutter immer mehr Aufmerksamkeit schenkt, werden alle Hülfsmittel zur erleichterten Ausführung einer angemessenen Zurichtung der Futterstoffe doppelt willkommen sein. Bei diesen Arbeiten ist insbesondere das Zerkleinern des Futter- und Mastkorns, das Brechen der Oelkuchen und das Schneiden des Wurzelwerks sowie des Dürrfutters zu erwähnen. Obwohl der Nutzen der Verabreichung von zerkleinerten Futtermitteln, namentlich wenn dieselben in gemischtem Zustande verwendet werden sollen, wohl allgemein anerkannt wird, so finden wir jedoch keineswegs in unsern Wirthschaften einen umfassenden Gebrauch davon gemacht. Entweder fehlt es an der dazu erforderlichen Arbeitskraft, oder es sind die Kosten einer solchen Futterzubereitung unter den gewöhnlichen Verhältnissen zu groß. Kann man es aber auch dem Dirigenten einer ausgedehnten Wirth-

schaft verargen, wenn er Anstand nimmt, das zur Fütterung und Mastung bestimmte Getreide, vielleicht mehrere 1000 Scheffel, auf fremden Mühlen für die Fütterungszwecke zubereiten zu lassen? Die Kosten der Zu- und Abfuhr der Frucht nach und von der Mühle, die Korn-Abgabe an den Müller oder das Mahl- und Schrotgeld fordern, abgesehn von den vielen Störungen des Wirthschaftsbetriebes, zu bedeutende Summen. Oder wird es möglich sein, das Schneiden von Tausenden von Centnern in der Wirthschaft verwandten Dürrfutters oder das in neuerer Zeit so empfohlene Zerreiben des Wurzelwerks durch die Hand ausführen zu lassen? Eine solche Futterzurichtung, und wäre sie auch noch so vorzüglich, wird in großen Wirthschaften wegen der bedeutenden Kosten erst dann allgemeine Anwendung erlangen, wenn eine billigere Triebkraft als die Menschenhand zur Verfügung steht. Erinnern wir uns an die großen Leistungen der betreffenden, für Dampfkraft eingerichteten Maschinen, so finden wir hierin die Mittel zur Erlangung des großen wirthschaftlichen Vortheils einer angemessenen Futterzubereitung. Daß man beim Schneiden des Grünfutters, namentlich des jungen Klees und Grases und beim Untermischen desselben mit Strohhäckfel viel weiter reicht, daß dieses Futter im geschnittenen Zustande dem Vieh gesunder und besonders dadurch dem Aufblähen vorgebeugt wird, darüber ist wohl kein Zweifel aufzuwerfen. Ebenso wird man den wesentlichen Nutzen der Zubereitung des Rauhfutters im geschnittenen Zustande zugeben, namentlich wenn es sich um die gemischte Verabreichung verschiedener Futtermittel handelt. Es wird dadurch eine erhebliche Ersparniß erzielt. Getheilt dagegen sind die Meinungen über die Fütterung von zerkleinerten Getreidekörnern und zwar auch hierbei nur hinsichtlich der Verabreichung solches Futters an die Pferde. Die in England *) darüber gemachten Erfahrungen lassen in der Mehrzahl

*) Die Benutzung des gequetschten Hafers und des geschnittenen Rauhfutters für Ackerpferde hat in den englischen Wirthschaften eine große Verbreitung erlangt. Auch hat die Omnibus-Gesellschaft in London, deren Pferde einen sehr anstrengenden Dienst zu leisten haben, für ihren bedeutenden Pferdebestand die Verabreichung des gequetschten Hafers und geschnittenen Rauhfutters mit Erfolg eingeführt. Bemerkenswerth sind die von jener Gesellschaft ausgeführten umfassenden Versuche. Die eine Hälfte der Pferde

der Fälle auch die Verwendung des gequetschten Futterkorns an die Pferde günstig erscheinen.

3. Hinsichtlich des Vortheiles, welcher aus der Benutzung von günstigen Conjuncturen des Getreidehandels hervorgeht, gilt recht eigentlich das Sprüchwort „Zeit ist Geld.“ Durch die großen Leistungen der Dampf-Dreschmaschine ist man befähigt, ohne daß irgend welche Störungen im Wirthschaftsbetriebe eintreten, in kürzester Frist große Mengen Getreide zu Markt zu bringen und die augenblicklich günstigen Preise zu benutzen. Ich erwähne hierbei nur einen Fall, der mir während meines Aufenthalts in England begegnete. Bei einem mehrtägigen Besuche einer größeren Farm zur Zeit der Herbstbestellung erhielt der Pächter eines Morgens telegraphisch aus einer größeren Fabrikstadt die Anfrage wegen sofortiger Lieferung von mehreren hundert Bushels Weizen zu besonders hohem Preise. Die Zusage wurde sofort telegraphisch ertheilt. Außer dem nöthigen Saat- und Futterkorn befand sich zur Stunde auch nicht ein Bushel verkäufliche Frucht auf dem Speicher und doch mußte die versprochene Lieferung schon am andern Tage der Eisenbahn übergeben werden. Sofort wurde die Lokomobile nebst der Dreschmaschine in dem Feimenhofe aufgestellt und die nöthige Handarbeitskraft zur Bedienung der Maschine beschafft. Nur wenige Stunden nach der ertheilten Zusage war der Ausdrusch im Gange und noch am Abend desselben Tages brachten die von der Ackerbestellung heimkehrenden Gespanne die beladenen Fruchtwagen nach der wenige Minuten vom Hofe entfernten Eisenbahnstation.

---

erhielt die früher übliche Verpflegung mit nicht gequetschtem Hafer und ganzem Heu, nämlich per Pferd täglich

19 Pfund Hafer,
und 13 Pfund Heu,

noch längere Zeit fort, wogegen die andere Hälfte der Pferde auf die neue Fütterung, bestehend in 16 Pfund gequetschtem Hafer,

7½ Pfund geschnittenem Heu,
und 2½ Pfund Strohhäckſel

gesetzt wurde. Es ergab sich weder hinsichtlich der Leistungen noch des Gesundheitszustandes der verschieden gepflegten Pferde ein Unterschied. Die tägliche Ersparniß der neuen Fütterungsweise wird unter Anrechnung der Zubereitungskosten des Hafers und Rauhfutters per Pferd auf 3 *d.* (2½ Sgr.) angegeben.

4. Die rechtzeitige Beschaffung des nöthigen Saatgetreides hat für einen geregelten Betrieb der Wirthschaft die höchste Wichtigkeit. Und doch ist die Erfüllung dieser Aufgabe deshalb mit vielen Schwierigkeiten verbunden, weil grade zur Zeit der Herbstbestellung mancherlei, viel Menschenhände erfordernde Arbeiten als die Grummet- und Hackfruchternte u. a. m. sich drängen. Durch die Benutzung der Dampf-Dreschmaschine entgeht man den sonst so häufig eintretenden Verlegenheiten. Die Saatfrucht wird zur rechten Stunde beschafft, ohne daß andere Wirthschafts-Arbeiten darunter leiden.

5. Die schnelle Erlangung von Betriebskapital ist für eine geregelte und erfolgreiche Wirthschaftsführung nicht minder wichtig. Hat auch der umsichtige Gutsdirigent für die Mittel zu den laufenden Wirthschaftskosten Sorge getragen, so treten doch nur zu häufig unvorhergesehene dringende Ausgaben ein, deren augenblickliche Befriedigung nicht selten mit großen Opfern verbunden ist. Es wird dies namentlich in denjenigen Wirthschaften der Fall sein, deren Haupteinnahmen in dem Erlös der Wolle und des Getreides bestehen. Die Dampf-Dreschmaschine giebt uns in solchen Lagen wieder das Mittel an die Hand, durch ihren Betrieb selbst in der kürzesten Frist unvorhergesehene Ausgaben zu decken, ohne größere Summen, vielleicht aus dem Wollverkaufe herrührend, unverzinst in der Kasse zurückzubehalten. So wird es ferner möglich sein, durch den mittelst Dampfbetriebes schnell ausgeführten Raps-Ausdrusch die Mittel für die bedeutenden Ernte-Ausgaben rechtzeitig zu beschaffen.

6. Ersparniß an Gebäude-Kapital, namentlich bei Scheunen. Durch die schnelle Ausführung des Getreide-Ausdrusches mittelst Dampfkraft kann das Bedürfniß an Stroh in wenigen Tagen für längere Zeit befriedigt werden. Eine Ersparniß an Scheunenraum ist nun dadurch in sofern ermöglicht, als bei einer stehenden Dampfmaschine das in Mieten gesetzte Getreide bei günstiger Witterung allmählig nach der verhältnißmäßig kleinen Scheune gefahren, sofort ausgedroschen und das Stroh theils darin belassen, theils in den Stallungen untergebracht wird. Oder es kann bei Anwendung einer Lokomobile der größere Theil des in Mieten aufgesetzten Getreides bei geeignetem Wetter im Freien ausgedroschen und das

Stroh entweder in Mieten oder nach den Stallungen gebracht werden. Bei ungünstiger, nasser Witterung ist der Ausdrusch des in dem beschränkten Scheunenraume aufbewahrten Getreides auszuführen.

7. Was die Erübrigung von Handarbeitskraft in stark beschäftigten Arbeitsperioden betrifft, so haben wir diesen Punkt bereits in dem Früheren mehrfach berührt. Es kommt hierbei namentlich der durch Dampfkraft bewirkte schnelle Ausdrusch des Saatgetreides in Betracht, welcher in eine Zeit fällt, wo verschiedene dringende Arbeiten, als die Grummet- und Hackfruchternte, sehr viel Handarbeitskraft in Anspruch nehmen. Muß das Saatkorn durch Handdrusch beschafft werden, so ist in den meisten Fällen die Annahme fremder Arbeiter zu hohen Löhnen für die Ausführung der andern dringenden Wirthschaftsarbeiten unvermeidlich. Dasselbe gilt fast in gleichem Maaße vom Ausdrusch der Oelfrucht. Durch die schnelle Ausführung einzelner Arbeiten mittelst Anwendung der Dampfkraft wird somit unter erheblicher Kostenersparniß eine größere Regelmäßigkeit des Wirthschaftsbetriebes erzielt.

Würdigen wir diese besonderen, aus der Benutzung der Dampfkraft hervorgehenden Vortheile in hinreichendem Maße, so werden wir gewiß auch dem Ausspruche des englischen Farmers beipflichten, daß die Einführung der Dampfmaschine ihn erst zum Herrn seines Wirthschaftsbetriebes mache, indem er dadurch befähigt werde, Alles zu benutzen und Alles zur rechten Stunde auszuführen.

Verwendung der Dampfkraft in deutschen Wirthschaften.

Die vielseitige und möglichst andauernde Verwendung der Dampfmaschine ist, wie wir früher sahen, für eine hohe Ausnutzung des Anlagekapitals die Hauptaufgabe. Darin waren die eifrigen Bestrebungen britischer Landwirthe, die Dampfkraft selbst für die Bodenbearbeitung dienlich zu machen, vornehmlich begründet. Wie läßt sich nun der Forderung einer vielseitigen Benutzung der Dampfmaschine in deutschen Wirthschaften entsprechen? In erster Linie wird dieselbe für den Getreide-Ausdrusch zu verwenden sein. Allein hierin kann die Dampfkraft selbst auf dem größten Gute doch immer nur eine kurze Beschäftigung erhalten. Denn setzen wir die tägliche Leistung einer 6pferdigen Dampf-Dreschmaschine nur zu 200 Scheffel, so wird das Ausdruschquantum während 60 Tage schon 12000 Scheffel betragen, und die Maschine in diesem Zeitraum bei einem durchschnittlichen Körnerertrage von 10 Scheffel per Morgen den Ausdrusch einer Getreide-Ernte von 1200 Morgen bewirken. Verdoppeln wir aber selbst die mit Getreide bestellte Fläche, so wird die Dreschmaschine doch immer nur 4 Monate im Jahr beschäftigt sein. Nach unseren früheren Berechnungen wird zwar in einem solchen Falle die eigene Anschaffung und Unterhaltung einer Dampfmaschine bei dieser einseitigen Verwendung gewiß schon lohnen; unser Bestreben muß aber auf einen vielseitigeren Gebrauch der Dampfkraft gerichtet sein, wozu sich auch in den deutschen Wirthschaften mindestens eine gleiche Gelegenheit wie in den englischen darbietet. Vor Allem wird auch bei uns die Dampfkraft für die Zwecke der Futterzubereitung, also namentlich zum Betriebe der Häcksel- und Wurzelwerkschneid-Maschine, der Schrot- und Quetschmühle, des Oelkuchenbrechers, sowie zum Dämpfen des Futters eine lohnende Verwendung finden. Ferner kann regelmäßig die Dampfmaschine zum Pumpen des Wassers und zum Betriebe der Pumpwerke für die flüssige Düngung benutzt werden. Berechnen wir in einer Wirthschaft von mittlerer Ausdehnung alle diese Arbeiten zu einer verhältnißmäßig langen Dauer, so wird dennoch die Dampfmaschine längere Zeit im Jahre unbeschäftigt sein. Wir müssen daher noch eine anderweitige lohnende Verwendung der Dampfkraft zu erlangen suchen. Diese bietet sich namentlich im Betriebe einer mit der Wirthschaft verbundenen Mahl- oder Oelmühle. Das Mahlen des Getreides ist gewiß in vielen Fällen, außer für das Bedürfniß der Wirthschaft und der Arbeiter, mit Vortheil soweit auszudehnen, daß der größere Theil der selbst gewonnenen Frucht dazu verwendet und als Mehl in den Handel gebracht wird. Hierdurch wird man sich den Vortheil des Kornhändlers und des Müllers zu eigen machen und dabei außerdem eine äußerst lohnende Verwerthung der Abfälle in der Wirthschaft selbst durch Verfütterung an das Vieh erlangen. Dasselbe gilt von den Oelmühlen, namentlich auf Gütern mit ausgedehntem Oelfruchtbau. Da, wo sonstige technische Nebengewerbe, als Brauerei, Brennerei, Stärkefabrik 2c. mit der Wirthschaft verbunden sind, bieten auch diese eine günstige Gelegenheit zur gleichmäßigen Beschäftigung der Dampfmaschine, namentlich der Lokomobile. Wie groß sind nicht die Massen von Getreideschrot, welche in einzelnen dieser Nebengewerbe zum Verbrauch kommen u. s. w. Die leicht zu transportirende Lokomobile kann ferner zur Trockenlegung und Bewässerung von Grundstücken, namentlich zur Trockenlegung von Torfgruben verwandt werden. Endlich aber sollte nach dem in England gegebenen Beispiele auch in unsern Wirthschaften eine Holzsäge, Knochen-, Traß- oder Gypsmühle eingerichtet werden, deren Betrieb die sonst unbeschäftigte Zeit der Dampfmaschine vollständig auszufüllen vermag.

Diese Andeutungen dürften wohl genügen, um eine andauernde lohnende Beschäftigung der Dampfmaschine auch in unsern Wirthschaften nachzuweisen. Allgemein gültige Angaben lassen sich darüber nicht machen, wohl aber ist in jedem besonderen Falle die wirkliche Beschäftigungsdauer leicht festzustellen.

Welche Dampfmaschine ist für deutsche Wirthschaften die geeignetste?

In einem früheren Abschnitte wurde die Frage über den Vorzug der stehenden oder transportabeln Dampfmaschine in Bezug auf die Wirthschaften Großbritanniens ausführlich erörtert. Es kommen bei der Wahl einmal die relativen Vorzüge der verschiedenen Art der Dampfmaschinen selbst, und sodann die lokalen Verhältnisse, unter welchen der Dampfbetrieb eingerichtet wird, in Betracht. Hinsichtlich des ersteren Punktes ist im Allgemeinen die stehende Dampfmaschine auch für die deutschen Wirthschaften vorzuziehn; denn diese besitzt eine größere Einfachheit und Dauerhaftigkeit der Construction, erfordert geringere Unterhaltungs- und Abnutzungskosten, zeichnet sich durch mindere Feuersgefahr und leichtere Führung aus, und endlich ist bei ihr der verbrauchte Dampf für verschiedene Zwecke, zur Futterzubereitung 2c. regelmäßig verwendbar. Berücksichtigen wir ferner die besonderen lokalen Verhältnisse, welche der lohnende Betrieb der stehenden Dampfmaschine voraussetzt, so treffen diese im Ganzen und Großen auf unsern deutschen Gütern selten im erwünschten Maße zusammen. Wir haben im nördlichen Deutschland vorwaltend ausgedehnte Besitzungen mit einem Hauptgute und mehreren Vorwerken, welche eine leicht transportable Triebkraft wünschenswerth machen. Dazu kommt weiter in der Mehrzahl der Fälle eine ungünstige Anlage des Wirthschaftshofes. Die stehende Dampfmaschine verlangt eine geschlossene Stellung der Gebäude und compacte innere Einrichtung derselben. Man denke beispielsweise nur an die gewöhnlich zerstreut liegenden, meist sehr ausgedehnten Scheunen eines großen Wirthschaftshofes., Bei der Einrichtung einer stehenden Dampfmaschine müßte beim Ausdrusch sämmtliche Frucht nach einem Punkt gebracht werden. Die Kosten der Zufuhr des Getreides sowie das Fortschaffen des Strohs würde den Vortheil des Dampf-Maschinendrusches wesentlich schmälern. Aber auch bei beschränktem Scheunenraum, wo ein Theil der geernteten Frucht in Mieten untergebracht ist, wird die transportable Dampfmaschine als ein Bedürfniß sich erweisen, indem bei günstigem Wetter im Herbst und Winter der Ausdrusch der Mieten im Freien, an nassen Tagen dagegen das Dreschen des in der Scheune aufbewahrten Getreides ausgeführt werden kann. In gleichem Maße macht sich die Aufstellung der Dampfmaschine an den verschiedenen Orten des Gehöfts nothwendig, wenn die zerstreut liegenden Oekonomiegebäude verschiedene durch Dampfkraft in Betrieb zu setzende landwirthschaftliche Arbeitsmaschinen enthalten, oder wenn die Dampfkraft auch für die mit der Wirthschaft verbundenen technischen Nebengewerbe benutzt werden soll.

Ziehen wir endlich die in der Mehrzahl der deutschen Wirthschaften üblichen Pachtverhältnisse in Betracht, wonach das Inventarium in der Regel dem Pächter zugehört, so wird sich gewiß nur ausnahmsweise die Gutsherrschaft dazu bereit finden lassen, eine stehende Dampfmaschine nebst den nöthigen Gebäulichkeiten einzurichten und dem Pächter als eisernes Inventarienstück zu überweisen. Andererseits ist nicht zu erwarten, daß der Pächter sich zur Errichtung einer stehenden Dampfmaschine entschließen wird, wenn nicht, wie in Großbritannien, hinsichtlich der Entschädigung resp. Uebernahme der ausgeführten Anlage nach beendigter Pachtzeit ein bestimmtes Abkommen zwischen Gutsherrn und Pächter festgesetzt ist. Hierzu aber ist im Allgemeinen für jetzt wenig Aussicht vorhanden. Der wohlhabende Pächter wird daher, selbst wenn die Verhältnisse für die stehende Dampfmaschine durchaus günstig wären, auf die Anschaffung einer Lokomobile angewiesen sein.

Wenn wir hiernach durch äußere, mehr lokale Verhältnisse veranlaßt sind, auf unseren größeren Besitzungen der Lokomobile den Vorzug einzuräumen, so muß doch bei den sonst unbestreitbaren Vortheilen der stehenden Dampfmaschine unser Bestreben darauf gerichtet sein, diese wo immer möglich einzuführen. Es wird dies namentlich bei Neubegründung von Gütern mittlerer Größe der Fall sein, wo sich durch zweckmäßige Anlage des Wirthschaftshofes und angemessene Einrichtung der einzelnen Gebäude den Anforderungen eines lohnenden Betriebes der stehenden Dampfmaschine leicht entsprechen läßt.

Im Anschluß an die vorliegende Frage möge hier noch auf die großen Vortheile, welche aus der Anschaffung von L o k o m o b i l e n auf gemeinschaftliche Kosten mehrerer benachbarter Gutsbesitzer hervorgehn, hingewiesen werden. Eine solche Einrichtung macht die Benutzung der Dampfkraft auch für kleinere Güter möglich und ist deshalb für einzelne Gegenden unseres Vaterlandes dringend zu empfehlen. Ebenso kann in unsern Verhältnissen das Vermiethen der Lokomobile für den Ausdrusch des Getreides unter Hinweis auf die früher gegebene Berechnung als ein höchst lohnendes Geschäft betrachtet werden und freuen wir uns, daß bereits von Einzelnen ein derartiges Unternehmen ausgeführt ist.

Die Anschaffung solid construirter Dampfmaschinen wird dem deutschen Landwirthe bei den vielen ausgezeichneten vaterländischen Maschinenfabriken sehr erleichtert. Namentlich ist es recht erfreulich, daß einzelne Maschinenbau-Anstalten sich auf die Anfertigung von Lokomobilen, ganz nach dem vervollkommneten Muster der englischen, verlegt haben. Wir nehmen gern Veranlassung, hierbei insbesondere auf die Kölnische Maschinenbau-Actien-Gesellschaft aufmersam zu machen, die sich durch ihre vortrefflichen Arbeiten in weiteren Kreisen bereits einen guten Ruf erworben hat. Nach dem Preis-Courant dieser Maschinenbau-Anstalt werden geliefert:

1. Lokomobilen

von 4	Pferdekraft	. . .	zu 1150	Thlr.	
von 6	„	. . .	„ 1350	„	(70 Ctr. Gewicht)
von 8	„	. . .	„ 1600	„	(85 Ctr. Gewicht)
von 12	„	. . .	„ 1800	„	(90 Ctr. Gewicht)

2. stehende Hochdruck-Dampfmaschinen.

Pferdekraft.	Cylinderdurchm.	Hubhöhe.	Umdrehungen.	Preis.					
				Maschine.	Regulator.	Vorwärmer mit Kupferröhren.	Gewöhnlicher Vorwärmer.	Kessel und Garnitur.	Expansion.
				Thlr.	Thlr.	Thlr.	Thlr.	Thlr.	Thlr.
2	6″	12″	80	250	50	60	20	400	70
4	7½	15	70	400	60	70	25	550	80
6	9	18	60	550	70	80	30	600	90
8	10	18	60	650	80	90	35	650	100
10	11	21	50	800	90	100	40	700	110
12	12	24	48	1000	100	110	45	750	120
16	14	30	40	1300	120	130	55	850	130
20	16	30	40	1500	120	140	70	925	140
24	18	36	36	1800	140	150	85	1000	150

Ein Beispiel des Dampfmaschinen-Betriebes in einer größeren deutschen Wirthschaft.

In der vorhergehenden Darstellung des Dampfmaschinenbetriebes glauben wir nach Anleitung der britischen Erfahrungen über jeden irgend wesentlichen Punkt die umfassendsten, thatsächlichen Aufschlüsse gegeben zu haben. Es wurden dabei stets die eigenthümlichen Verhältnisse unserer deutschen Wirthschaften hervorgehoben, um einerseits an geeigneten Orten zur Einführung der Dampfkraft auch bei uns aufzumuntern, andererseits vor einer voreiligen Benutzung zu warnen. Obgleich es auf dieser Grundlage gewiß keine Schwierigkeit darbieten wird, in jedem einzelnen Falle eine zuverlässige Berechnung über den aus der Anwendung der Dampfkraft hervorgehenden, reellen Nutzen aufzustellen, so wollen wir doch als Anhalt ein Beispiel einer solchen Berechnung im Folgenden entwerfen.

Wir wählen zu diesem Zweck absichtlich eine Wirthschaft unter minder günstigen Verhältnissen, namentlich in Bezug auf die klimatische Lage, auf den Arbeiterstand und die sich für denselben darbietenden Nebenbeschäftigungen. Die Besitzung, aus einem Hauptgute und einem Vorwerke bestehend, habe ein Areal von 3000 Morgen und zwar 1500 Morgen Ackerland, 500 Morgen Wiesen und 1000 Morgen Wald. Die durchschnittliche Dauer des Winters sei vier Monate, von Mitte November bis Mitte März, $^2/_3$ des Ackerlandes werde dem Getreidebau und $^1/_3$ dem Futterbau gewidmet. Der mittlere Ertrag aller Getreidefrüchte betrage nur 8 Scheffel per Morgen und der der Futtergewächse im Durchschnitt 20 Centner Heuwerth. Der Viehstand bestehe aus 30 Ackerpferden, 120 Haupt Rindvieh und 1000 Schafen. Außer dem Gesinde werden 15 ständige, in Wohnungen gesetzte Arbeiterfamilien gehalten. Nur zur Heu-, Getreide- und Hackfruchternte werden fremde Arbeiter angenommen. Die Hauptbeschäftigung der ständigen Tagelöhner während des Winters war bisher der Ausdrusch des Getreides und das Holzschlagen.

In dieser Wirthschaft entschließt man sich zur Einführung einer 6pferdigen Dampfmaschine und wählt wegen des Vorwerks und der ungünstigen Lage und Einrichtung der Wirthschaftsgebäude eine Lokomobile. Die Dampfkraft soll beim Ausdrusch des Getreides, beim Schroten und Quetschen des Futter- und Mastkorns sowie beim Schneiden des Wurzelwerks, Stroh's und Heu's ihre Verwendung erhalten. Welcher Gewinn wird aus der Einrichtung des Dampfbetriebes hervorgehn? Es ist bei Beantwortung dieser Frage zunächst das Anlagekapital festzustellen, um danach die betreffenden Zinsen, Abnutzungs- und Unterhaltungskosten zu berechnen.

Auf die ganze Anlage werden verwendet:

1) für eine 6pferdige Lokomobile	1400	Thlr.
2) für die dazu gehörige Dreschmaschine . . .	560	"
3) für die Schrot- und Quetschmühle . . .	300	"
4) für die Maschine zum Schneiden und Zerreiben des Wurzelwerks	140	"
5) für eine Häckselmaschine	100	"
Zusammen	2500	Thlr.

Von dieser Summe sind 5% Zinsen und 10% für Unterhaltung und Abnutzung *), also 15% mit 375 Thlr. zu berechnen.

Die directe Kostenersparniß an Handarbeit wird bei obiger Verwendung der Dampfkraft betragen:

1) Ersparniß beim Getreide-Ausdrusch:

Die täglichen Betriebskosten der Dampfmaschine stellen sich excl. der Zinsen, Abnutzung und Unterhaltung nach unseren früheren Berechnungen (Seite 97) auf 3 Thlr. 20 Sgr., wozu die Kosten der Bedienung und Beaufsichtigung der Dreschmaschine (Seite 184) in runder Summe mit 6½ Thlr. kommen, also zusammen 10 Thlr. 5 Sgr. Bei einer täglichen Leistung von 250 Scheffel im Durchschnitt aller Fruchtgattungen ist die Maschine für den angenommenen Ernteertrag von 8000 Scheffel 32 Tage im Betrieb; es betragen mithin die Kosten in runder Summe . . . . 325 Thlr.

*) Obgleich bei der obigen Betriebskosten-Berechnung für die Lokomobile 11% berechnet wurden, so glauben wir wegen der geringeren Abnutzung der landwirthschaftlichen Arbeitsmaschinen im Durchschnitt nicht mehr als 10% ansetzen zu dürfen.

Vergleichen wir hiermit die Ausgaben des Handdrusches, wobei der Ausdrusch um den 16ten Scheffel und der durchschnittliche Preis aller Früchte zu $1^1/_2$ Thlr. per Scheffel angenommen werden soll, also für 8000 Scheffel 12000 Thlr. so stellen sich die Kosten des Handdrusches auf 750 Thlr. Es ergiebt sich hiernach zu Gunsten des Dampfmaschinen-Drusches eine Ersparniß von . . . . 425 Thlr.

2) Ersparniß an Arbeitskraft bei der obenerwähnten Futterzubereitung. Lassen wir auch hierbei zunächst den Zins-, Abnutzungs- und Unterhaltungsbetrag der betreffenden Maschinen außer Rechnung, so ist bei Ausführung obiger Arbeiten durch Dampfkraft die Ersparniß an Handarbeit nach einem Ueberschlage anzusetzen mindestens auf . . . . . . 200 Thlr.

Zusammen 625 Thlr.

Zur Ermittelung des reinen Gewinnes sind von dieser Summe die Zinsen sowie die Unterhaltungs- und Abnutzungskosten des Anlagekapitals im Betrage von 375 Thlr. in Abzug zu bringen. Es verbleiben hiernach nur 250 Thlr. als wirkliche Ersparniß. Aber selbst diese verhältnißmäßig geringe Summe dürfte in unserm Falle noch nicht einmal als reiner Gewinn zu betrachten sein. Wir müssen in Anschlag bringen, daß durch die Einführung der Dampfmaschine die Gelegenheit zur Verwendung des Gespannes am Göpel, namentlich beim Betriebe der Dreschmaschine in den Wintertagen, verloren geht und daß ferner bei den ungünstigen klimatischen Verhältnissen und der beschränkten Gelegenheit zu einer lohnenden Nebenbeschäftigung der Arbeiter, welche bisher das Hauptverdienst während des Winters in dem Getreidedrusch fanden, der Gutsherr zu kleinen Opfern an seine ständigen Arbeiterfamilien sehr leicht gezwungen sein kann. Wohl möglich, daß jene Ersparniß an Handarbeitskosten hierdurch aufgewogen werde.

Sollte nun wirklich hiernach in dem von uns angenommenen Beispiele der Gewinn des Dampfbetriebes sich als illusorisch erweisen? Keineswegs. Wer unsern Erörterungen bis hieher gefolgt ist, wird sofort erkennen, daß, wenn unter den gesetzten ungünstigen Verhältnissen der Gewinn und Verlust sich vielleicht grade ausgleichen, dann die früher erwähnten, besonderen Vortheile in der schlagendsten Weise sich geltend machen werden. Als solche wollen wir hier nur aufzählen: die Benutzung günstiger Conjuncturen des Getreidehandels, sodann bei der schnellen Beschaffung des nöthigen Saatgetreides die Erübrigung an Handarbeitskraft zu dringenden Herbstarbeiten als Grummet- und Hackfruchternte und endlich die höhere Verwerthung der zweckmäßig zubereiteten Futtermittel. Wir unterlassen es, die hierdurch gewonnenen, sehr ins Gewicht fallenden Vortheile in bestimmten Geldwerthen auszudrücken, da sie, von der Umsicht des Gutsdirigenten und von mannigfachen wechselnden Umständen abhängig, sich nicht auf sichere Durchschnittszahlen bringen lassen.

Dieser, an sich schon bedeutender Anstrengungen würdige Gewinn wird um so bemerkenswerther, wenn die kurze Beschäftigungsdauer der Dampfmaschine in dem von uns angenommenen Beispiele berücksichtigt wird. Bei der beschränkten Verwendung auf jenem Gute wird dieselbe nur etwa 62 Tage betragen, nämlich:

1. beim Getreide-Ausdrusch. 1000 Morgen Getreide à 8 Scheffel Ertrag 8000 Scheffel bei einer täglichen Leistung von 250 Scheffel mithin	32 Tage
2. beim Schroten und Quetschen des Futter- und Mastkorns sowie beim Schneiden des Wurzelwerks und des Häcksels, nach Maßgabe der früher angegebenen Leistungen überschläglich in vollen Arbeitstagen ausgedrückt, etwa	30 „
Mithin im Ganzen	62 Tage.

Nehmen wir 300 Arbeitstage im Jahre an, so würde die Dampfmaschine 238 Tage also fast $^4/_5$ der jährlichen Arbeitszeit unbeschäftigt sein. Ohne Zweifel läßt sich in jener Wirthschaft die Dampfmaschiue noch anderweitig lohnend beschäftigen, wodurch der Vortheil in demselben Grade zunehmen wird. Wie leicht wird es z. B. möglich sein, einen Holzschneideapparat für den Dampfbetrieb einzurichten, um so eine bedeutend höhere Verwerthung des Waldertrags zu erzielen. Ebenso lohnend kann die Einrichtung einer Mahlmühle in Verbindung mit der Wirthschaft sich erweisen, um hierdurch den größern Theil des Getreides in Form von Mehl, Graupen, Grütze rc. zu verwerthen und die Abfälle an Kleien rc. durch den Viehstand des Gutes möglichst hoch auszunutzen. Wir erinnern ferner an die nutzbringende Verwendung der Dampfkraft für eine Knochen-, Traß- oder Gypsmühle oder zum Betriebe der Pumpwerke für die flüssige Düngung. Da für die Zwecke des Getreide-Ausdrusches und der Futterzubereitung die Dampfkraft nur während $1/5$ der jährlichen Arbeitszeit in Anspruch genommen wird, so ist die Möglichkeit geboten, hierdurch sogar mehrere dieser technischen Anlagen in Gang zu setzen und so muß der Dampfmaschinenbetrieb selbst eine wesentliche Einnahmequelle für die Wirthschaft werden.

Von einer specielleren Berechnung nehmen wir jedoch Abstand, da wir nur beabsichtigten, an einem Beispiele zu verdeutlichen, wie eine Rentabilitäts-Berechnung über die Anwendung der Dampfkraft anzulegen sei.

Berichtigung.

Seite 33 Zeile 5 v. o. l. 36 Bushels Weizen statt 27.
„ 6 „ „ l. 40 „ Gerste „ 30.
„ 7 „ „ l. 60 „ Hafer „ 45.
„ 8 „ „ l. 40 „ Bohnen u. Erbsen statt 30.
„ 8 v. u. l. 240 „ Weizen-statt 180.

Bonn, Druck von Carl Georgi.

Zeitfracht Medien GmbH
Ferdinand-Jühlke-Straße 7
99095 Erfurt, Deutschland
produktsicherheit@kolibri360.de